青少年生态文明教育活动

——方法篇

刘春霞 白欣 祝真旭 主 编
史国鹏 闫霞 张艳秋 副主编

清華大学出版社
北京

内 容 简 介

本系列书以青少年生态文明教育为主题，分为《方法篇》《资源篇》和《成果篇》，系统探讨了生态文明教育的理论、实践与成果，旨在为我国中小学教师、学校管理者及生态文明教育领域学者提供全面的理论指导与实践参考。

《方法篇》作为系列书的第一部分，从生态文明教育政策背景出发，对生态文明教育的内涵及相关理论进行阐述，并以北京市密云区为例，深入探讨基于生态文明资源进行创新人才培养的教育教学方法及研究方法。本书通过对理论与实践的有机结合，为生态文明教育的课程设计、教学实施及资源整合提供系统性指导，助力生态文明教育的高质量发展。

图书在版编目（CIP）数据

青少年生态文明教育活动. 方法篇 / 刘春霞, 白欣, 祝真旭主编. 北京 : 清华大学出版社, 2025. 4. -- ISBN 978-7-302-69003-0

Ⅰ. X321.2

中国国家版本馆 CIP 数据核字第 202552P4N6 号

责任编辑：张　弛
封面设计：刘　键
责任校对：袁　芳
责任印制：刘　菲

出版发行：清华大学出版社
网　　址：https://www.tup.com.cn，https://www.wqxuetang.com
地　　址：北京清华大学学研大厦A座　　邮　　编：100084
社 总 机：010-83470000　　邮　　购：010-62786544
投稿与读者服务：010-62776969，c-service@tup.tsinghua.edu.cn
质量反馈：010-62772015，zhiliang@tup.tsinghua.edu.cn
课件下载：https://www.tup.com.cn，010-83470410

印 装 者：三河市君旺印务有限公司
经　　销：全国新华书店
开　　本：185mm×260mm　　印　　张：6.75　　字　　数：152千字
版　　次：2025年5月第1版　　印　　次：2025年5月第1次印刷
定　　价：59.00元

产品编号：108118-01

前　言

生态兴则文明兴，生态衰则文明衰。生态文明社会是人类社会发展的大势所趋。自党的十八大将生态文明建设纳入中国特色社会主义事业五位一体总体布局以来，以习近平同志为核心的党中央高度重视生态文明建设，坚持绿色发展理念，切实把生态文明建设融入新时代社会主义现代化建设的全方面和全过程，全国上下以前所未有的决心和力度推进美丽中国建设，推动中国绿色发展道路越走越宽广，绿色发展理念深入人心，我国生态文明建设取得了历史性成就。2022 年，党的二十大再次明确了新时期生态文明建设的新任务和新征程，要牢固树立并实践“绿水青山就是金山银山”的思想，从人与自然和谐相处的角度来规划发展，书写我国生态文明建设新篇章。

习近平总书记强调：“生态文明建设是中华民族永续发展的千年大计。”习近平生态文明思想是马克思主义基本原理同中国生态文明建设实践相结合、同中华优秀传统生态文化相结合的重大成果，是以习近平同志为核心的党中央治国理政实践创新和理论创新在生态文明建设领域的集中体现，是新时代我国生态文明建设的根本遵循和行动指南。但就目前而言，我国面临的生态环境问题仍然十分突出，建设生态文明的任务重大而紧迫，不容丝毫懈怠。

青少年是国家和民族的希望，是建设美丽中国的有生力量，他们的思想道德觉悟和生态文明素养直接关系到生态文明建设的目标能否早日实现。因此，青少年生态文明教育势在必行，其目的在于激发青少年对自然的热爱与尊重，培养青少年形成生态文明观念，推动青少年肩负起建设生态文明的责任和担当。

本系列书以青少年生态文明教育为主题，分为《方法篇》《资源篇》和《成果篇》，从理论、实践与成果三个维度系统探讨生态文明教育的内涵、方法与实践路径。我们根据《“美丽中国，我是行动者”提升公民生态文明意识行动计划（2021—2025 年）》中提出的“推进生态文明学校教育，将生态文明教育纳入国民教育体系”，以及教育部办公厅、国家发展改革委办公厅印发的《绿色学校创建行动方案》等精神，组织编写了《青少年生态文明教育活动——方法篇》。

本书从青少年这一群体的特点、新时代生态文明教育的现实需要及青少年生态文明素养提升的实际需求出发，阐述了生态环境的基本知识和生态文明的思想观念。本书共五章，对生态文明教育政策背景、生态文明教育理论、生态文明教育课程设计理念、创新人才培养以及基于生态文明教育资源的创新人才培养方法进行了比较系统的总结梳理。第一章、第二章主要阐述生态文明教育的政策理论、我国生态文明教育的理论；第三章介绍了本书设计的生态文明教育课程设计理念；第四章对创新人才培养的背景、内涵、现状及路径进行了介绍；第五章以北京市密云区为例，深入探索并介绍在生态文明教育中可以利用的本土生态资源，以及针对这些资源所适用的创新人才培养方法。结合密云区的实际情况，为其他地区依靠本土资源开展生态文明教育提供有益的参考和借鉴。

本书在写作过程中，密云区青少年宫书记主任刘春霞做了总体的框架构建和各章节内容的选择，协调人员进行分工撰写、整体把关等工作。首都师范大学初等教育学院白欣教授参与第一章的撰写；生态环境部宣传教育中心祝真旭主任参与第二章的撰写；密云区研修学院闫霞和张艳秋参与第三章的撰写；生态环境部宣教中心教育室学校工作部部长史国鹏和密云区青少年宫书记主任刘春霞参与第四章、第五章及结语的撰写，并进行了全书的整合工作。

由于编写水平有限，本书难免存在疏漏，敬请读者不吝批评赐教。

编写组

2024 年 6 月

目　录

第一章　生态文明教育政策背景 …… 1
第一节　生态文明建设 …… 1
一、生态文明建设背景 …… 1
二、生态文明建设的重要性 …… 3
第二节　生态文明教育政策 …… 4
一、我国生态文明教育政策研究 …… 4
二、国外环境教育研究 …… 6
三、青少年生态文明教育的重要性 …… 8
第三节　生态文明教育的发展沿革 …… 9
一、为了环境保护的教育 …… 9
二、为了可持续发展的教育 …… 9
三、为了生态文明的教育 …… 10
第四节　生态文明教育的目标 …… 10
一、生态文明教育的最终目标 …… 10
二、生态文明教育的具体目标 …… 11
第二章　生态文明教育理论 …… 14
第一节　生态文明教育理论内核 …… 14
一、生态与文明 …… 14
二、生态文明内涵 …… 16
三、生态文明特点 …… 17
第二节　生态文明教育内涵 …… 18
一、生态教育 …… 18
二、生态文明教育 …… 19
三、生态文明观教育 …… 19
四、生态道德教育 …… 20
第三节　生态文明教育外延及核心 …… 20
第三章　生态文明教育课程设计理念 …… 21
第一节　生态文明教育课程目标 …… 21

一、课程设计愿景——全面推进美丽中国建设 …… 21
二、教师培养目标——培养具有生态文明意识、可持续发展的教师 …… 21
三、学生培养目标——培养美丽中国的小小建设者 …… 22
第二节 生态文明教育课程设计 …… 23
一、课程设计总理念 …… 23
二、人文品质课程设计理念 …… 24
三、科学素养课程设计理念 …… 24
四、艺术气度课程设计理念 …… 25
五、生态文明课程设计目标 …… 25
六、道德修养课程设计目标 …… 26
第四章 创新人才培养 …… 27
第一节 创新人才培养背景 …… 27
一、社会背景 …… 27
二、政策背景 …… 27
三、理论背景 …… 28
第二节 创新人才培养内涵 …… 29
第三节 创新人才培养现状 …… 31
一、创新人才培养早期探索 …… 31
二、创新人才早期培养的多维探索 …… 34
第四节 创新人才培养路径 …… 36
第五章 基于生态文明教育资源的创新人才培养方法 …… 38
第一节 基于生态文明教育资源的创新人才培养 …… 38
一、创新人才培养 …… 38
二、青少年生态文明教育 …… 38
三、基于生态文明教育资源的创新人才培养系统 …… 38
四、基于本土生态文明资源的综合实践活动 …… 39
第二节 北京市密云区相关生态资源 …… 40
一、自然生态领域 …… 40
二、经济产业领域 …… 41
三、工程建设领域 …… 43
第三节 生态文明教育教学方法 …… 44
一、变换教学方法 …… 44
二、实践教学方法 …… 49
三、跨学科教学方法 …… 54
四、问题导向教学方法 …… 59
第四节 生态文明教育研究方法 …… 63

一、生态领域研究方法 ······ 64
二、科学思维方法 ······ 79
三、项目式研究方法 ······ 89
结语 ······ **98**
参考文献 ······ **99**

第一章　生态文明教育政策背景

第一节　生态文明建设

中国作为世界人口大国，必须适应当今社会经济发展的长远需求，以实现可持续发展。这不仅有利于推进生态文明建设，也是推动绿色可持续发展，促进人类和谐的关键。在新时代背景下，建设生态文明是一个重要的课题，需要社会各界人士的共同努力。生态文明教育作为建设生态文明的重要载体，肩负着更加重要的责任。

一、生态文明建设背景

（一）环境问题日益突出

自工业革命以来，由于人类中心主义的存在、世界人口的急剧增长、科学技术的滥用等原因，全球生态环境问题越来越严重。特别是近年来，全球气候恶性多变、臭氧层破坏加剧、物种多样性日趋减少、森林覆盖面积锐减、土地荒漠化面积增加、雨水酸化严重、不可回收垃圾污染等生态环境问题层出不穷且日益严重。作为目前世界上人口最多的发展中国家，我国同样面临这些问题，甚至在某些方面表现得更为突出。《2012 年中国环境状况公报》显示，我国十大水系的所有国控断面中，Ⅳ、Ⅴ类和劣Ⅴ类水质断面比例分别为 20.9% 和 10.2%，也就是说Ⅳ类（Ⅳ类及以下水质达不到人类生活饮用水标准）及以下水质断面比例仍高达 31.1%。国家林业局原局长王志宝指出，我国的沙化土地面积以每年 2460km^2 的速度扩展，相当于每年吃掉一个中等县。近几十年来，我国约有 200 多种植物灭绝，至少 10 余种动物野外绝迹，20 余种珍稀动物濒临灭绝。据环保部门 2011 年统计，一些大城市的灰霾天数已达全年的 30% 以上，有的甚至高达一半左右。以上事例只是我国生态环境问题中的"冰山一角"，诸如此类的生态环境问题还有很多，这些问题越来越严重地制约着我国社会经济的发展，影响着人民生活水平的提高。从目前的状况来看，生态环境问题如果得不到妥善解决，中华民族的永续发展将难以实现。

（二）资源约束趋紧与环境污染严重

世界经济飞速发展的同时也带来了空前的压力与挑战，全球环境恶化、资源枯竭、生态问题日益严重。长期以来生态自然系统作为支持和限定人类生存空间的物质基础在社会经济发展中往往被忽视，海洋、空气等自然资源一直被作为永不枯竭的公共资源，随着人类对其的过度开发利用，面临着枯竭的危机。如何使生态资源可持续利用已经成为全世界需要解决的艰巨任务。人口的不断增长对农业发展、人民生活水平的提高和整个经济建设都形成了很大的压力。我国耕地、水和矿产等重要生态资源的人均占有量都比较低。今后随着经济发展和人口增加对资源总生态投资量的需求将会更多，环境保护的难度将会更大。中国的国情决定了必须走一条经济、人口、资源、环境相协调的可持续发展之路。从这个意义看，可持续发展对中国具有更为迫切的意义。

（三）社会文明进步的必然需求

实现人的自由全面发展是马克思主义追求的理想目标，随着现实社会的不断发展，公民的生态文明素质和行为能力逐渐成为人全面发展的重要内容之一。生态文明教育就是要通过各种方式使社会成员树立节约、环保等生态理念，形成良好的生态道德，从而使其综合素质得到全面发展。生态文明观念是人类与大自然间道德关系的体现，应当把这种关系纳入道德的范畴之中，人类作为万物之灵必须充分发挥其主观能动性，自觉维护自然生态系统和社会生态系统的平衡与稳定，承担起对自然环境和其他生物的道德责任。自然环境是人民群众的衣食之源、生命健康的安全保证，也是生产发展、经济腾飞的自然条件，是公众的根本利益所在。良好的生态道德素质和良好的生态文明观念是衡量一个国家和民族文明程度的重要标志，也是现代社会衡量公民素质的重要标尺。积极开展生态文明教育，践行生态文明理念，对于提高全体社会成员的生态文明素质，促进人的全面发展具有积极的推动作用。

（四）提高公众环境意识和素养的需要

党和国家生态理念的贯彻、生态政策的执行最终需要高素质的现代公民来完成。而当前我国公民生态文明素质有待提高，大部分公民生态文明知识缺乏，不少公民生态文明意识淡薄、生态文明行为不足。要改变这一现状，需要在全社会开展生态文明教育，以提高公民的生态文明素质。联合国教科文组织发布的《教育的使命》一书中曾强调，在解决“人类困境”问题：人口剧增、环境恶化、资源浪费和日益短缺的过程中，教育，尤其是全民教育发挥着不可缺少的作用。[①]可见，对全体公民进行生态文明教育是当前我国建设生态文明，实现中华民族永续发展的当务之急。公民生态文明素质的提高对建设美丽中国、实现生态文明具有前提性和先导性的意义。

（五）促进人与自然和谐共生的理念

实现人与自然和谐共生意味着人类和自然相互依存，彼此是相互制约的主体，这种关系体现了互主体性。自然的稳定和完整是人类实现永续发展的基础。为了保护自然的完整性和稳定性，人类的规模和发展水平必须受到自然生态系统承载能力的限制。我们

---

① 赵中建．联合国教科文组织教育丛书·教育的使命——面向21世纪的教育宣言和行动纲领[M]. 北京：教育科学出版社，1996.

必须通过制度建设来有效消除人类对自然生态系统的外部性行为和“公有地悲剧”的行为方式。因此，要想促进人与自然和谐共生，我们必须系统地掌握以下核心要义：人与自然的关系首先可以理解为主客体关系，即人是主体，自然是客体。虽然人类通常被视为主体，自然被视为客体，但这是一种过于简单化的理解。事实是，人类和自然是相互依存和共同创造的，正如人类既创造环境又被环境创造的事实所证明的那样。“人创造环境，同样环境也创造人[①]”。实际上，人类社会与自然界之间没有明确的界限，而是两者之间在动态的相互作用。例如，人类依靠空气、水、土地和气候等自然资源生存和发展，而污染、开发和破坏等人类行为则影响自然环境。因此，人类必须承认他们与自然的关系是主客体统一的关系，并考虑自然环境的可持续性和生态平衡，而不是简单地追求自己的利益。实现人与自然的和谐对于可持续的未来至关重要。自然生产力是社会生产力的基础。自然生产力是指自然界所具有的生产力，包括土地、水资源、气候等。自然生产力是支撑社会生产和发展的基础，没有自然资源的存在和开发利用，人类社会就无法进行生产和发展，更谈不上实现人类物质文明和精神文明的进步。同时，自然生产力也是推动社会生产力不断提高的重要因素。人类通过不断地发掘和利用自然资源，提高自然资源的开发和利用效率，进一步推动了生产力的发展和进步。因此，保护自然环境和资源，实现可持续发展，不仅是人类对自然的尊重和爱护，也是推动社会生产力发展和人类文明进步的需要。

人与自然和谐共生是一种理想状态。人与自然和谐共生，不仅揭示了主体与客体之间的认识关系，也揭示了主客体的价值关系。因此，人与自然和谐共生是一个价值范畴。人类在历史发展的各个阶段都在追求自己的目标，这个目标就是追求更加美好和理想的生活。

二、生态文明建设的重要性

当今社会庞大的人口基数导致人口持续增长，加剧了环境恶化，生态环境的不断恶化影响人类生存，制约了我国实现可持续发展。在这种背景下，我国立足国家发展的现实需要，与时俱进地提出了生态文明建设的相关举措。党的十七大报告首次提出了“建设生态文明”理念，党的十八大报告将生态文明建设放到国家发展总布局的重要位置，生态文明建设受到人们的高度重视。党的十九大报告提出建设美丽中国新的目标、任务、举措，加快生态文明体制改革，更进一步地展现了党中央建设生态文明社会的决心。党的二十大报告指出中国式现代化是人与自然和谐共生的现代化，我国必须在满足人们物质需求的基础上，为人民提供更有质量的生态产品和生存环境。然而，过去相当长的时间内，重视经济的高速度发展，牺牲生态环境的经济发展方式，造成了严重的环境污染并影响着人们生活质量的提升，人们意识到保护自然环境，维持生态系统平衡的重要性。本质上，建设生态文明有利于和谐社会的发展，人与自然的和谐是人与人、人与社会和谐的前提和基础，只有人与自然实现了本质的统一，才能构建真正意义上的和谐社

① 马克思，恩格斯 . 德意志意识形态：节选本 [M]. 北京：人民出版社，2003.

会。其中，培养公众的生态文明意识是推进生态文明建设的关键，中共中央、国务院在发布的《关于加快推进生态文明建设的意见》中指明通过培育生态文化可以有效提高人们的生态文明观念，明确把培育社会生态文化作为建设生态文明的主要渠道，提高公众的生态修养。加强培育中小学生的生态文明观念，培养学生保护和热爱自然的意识是我国建设生态文明，转变人类发展方式的一项基础工程，有利于人类社会的可持续发展和生态文明建设工作的推进。

第二节　生态文明教育政策

一、我国生态文明教育政策研究

（一）生态文明教育的初步探索阶段

我国生态文明教育初步探索阶段在为20世纪40年代至80年代。这一阶段，环境保护受到国内外关注，环境教育的重要性逐渐凸显。这一时期的教育政策围绕环境保护教育展开，在描述环境保护教育的开展方式时，主要采用“鼓励”和“建议”等相对具有弹性的措辞。如1979年颁布《中华人民共和国环境保护法（试行）》总则中指出：“国家鼓励环境保护科学事业的发展。”此时我国国民教育体系相对滞后，环境保护教育被视为非核心科目，常被忽视。因此，此阶段的环境保护教育政策话语需展现适度弹性，以适应现实，避免提出过度或过高要求。该阶段还实现了环境保护教育的法制化，体现在环保立法对环境保护教育的强调。1989年，我国正式颁布了第一部环境保护法《中华人民共和国环境保护法》，对环境保护的宣传教育工作的地位、作用和途径等方面都作出了明确的表述。在初步探索阶段，环境保护教育未形成成熟体系，教学手段、理念、内容均未明确。

（二）生态文明教育的巩固强化阶段

20世纪末期，随着我国社会快速发展和经济迅猛增长，环境保护与生态维护问题日益紧迫。我国更加重视生态保护，启动了一系列环境与生态整治宣传教育行动。同时，我国积极回应联合国可持续发展教育倡议，出台环境保护教育政策，以进一步明确环境保护教育的基本方向。20世纪90年代，我国生态文明教育政策初步由环境保护教育转向可持续发展教育，这一时期的教育政策出现“要求”和“加强”等更明确的措辞。如1990年国家教委在《对现行普通高中教学计划的调整意见》中强调：“要求普通高中开设环保选修课。”1994年国务院颁发的《中国21世纪议程——中国21世纪人口、环境与发展白皮书》指出：“将与可持续发展有关的法律列入学校基础教育课程之一，使可持续发展理论落实到基础教育之中。”1996年《全日制普通高级中学课程计划》指出，应通过渗透式教学，将环境教育融入多门课程，并开展专题讲座等。同年，《全国环境宣传教育行动纲要》将环境教育内容分为环境科学、法律法规和道德伦理等。可见在这一时期，众多教育政策的出台巩固和加强了我国生态文明教育的后续发展。

（三）生态文明教育的科学优化阶段

进入 21 世纪，我国迈入社会主义现代化的全新发展阶段。在党的十六大和十七大报告引领下，我国确立了“坚持以人为本，树立全面、协调、可持续的发展观，促进经济社会和人的全面发展”的科学发展观，并深入推广“生态文明观念在全社会牢固树立”的生态文明发展目标[①]，为我国生态文明教育在新世纪的诞生与发展奠定了基石。

在此背景下，生态文明教育政策逐渐从被动地宣传教育转为主动培育公民，以加强人们对生态危机的认识和提升其解决环境问题的能力，进入了一个新阶段。2000 年，《中共中央关于制定国民经济和社会发展第十个五年计划的建议》提出：“完善生态建设和环境保护的法律法规，加强执法和监督。开展环保教育，提高全民环保意识。”同年 11 月，《国务院关于印发全国生态环境保护纲要的通知》指出：“加强生态环境保护的宣传教育，不断提高全民的生态环境保护意识。重视生态环境保护的基础教育、专业教育，积极搞好社会公众教育。”这标志着环境与生态文明教育主体已经深刻认识到培育公众生态保护能力在推动社会生态文明发展中的重要性。

在这一阶段，相关政策强调环境与生态文明教育融入全学段、全学科，构建完整、系统的教育体系。2001 年，中华人民共和国教育部出台《全日制义务教育科学（7~9 年级）课程标准（实验稿）》，规定了义务教育阶段学科融合环境教育。高等教育、职业教育和成人教育领域也相继出台政策，加强对大学生、领导干部及职业技术人员环保意识培训。环境教育专门化立法的形成，体现了国家对环境教育的高度重视，为实施、管理与监督提供法律保障。2003 年，教育部《中小学环境教育实施指南（试行）》，将环境教育设为独立课程，明确中小学环境教育目标，并系统阐述内容、实施与评价建议。

（四）生态文明教育的深化发展阶段

党的十八大报告明确提出，面对资源约束趋紧、环境污染严重、生态系统退化的严峻形势，我们必须树立尊重自然、顺应自然、保护自然的生态文明理念，把生态文明建设放在突出地位。党的二十大报告强调“推动绿色发展，促进人与自然和谐共生”。以建设“美丽中国”为目标，我国生态文明教育政策实现了从环境教育到生态文明教育的转变，这一转变为我国生态文明教育的实践探索和改革发展提供了坚实的基础与保障。

进入新时代，我国生态文明建设与经济、政治、文化和社会建设同步发展。我国生态文明教育在这一阶段已经实现了从简单的跨学科融合到以德育为核心的跨学科融合的重要转变，这标志着我国正式将生态文明教育提升到了文明建设的新高度。2013 年，《教育部关于培育和践行社会主义核心价值观进一步加强中小学德育工作的意见》中提出：“各级教育部门和中小学校，要重视在教育环节中增加生态文明教育的内容，推动生态文明教育的普遍开展。”在此基础上，2017 年教育部印发的《中小学德育工作指南》，将生态文明教育作为中小学德育的五项内容之一。同年，《中小学生综合实践活动课程指导纲要》等文件倡导全国各地各级各类学校将生态文明教育相关内容融入语文、

① 胡锦涛 . 高举中国特色社会主义伟大旗帜为夺取全面建设小康社会新胜利而奋斗——在中国共产党第十七次全国代表大会上的报告 [J]. 党的建设，2007（11）：4-15.

政治、化学等课程中，开展野外调研、社会考察等多种类型的生态文明观培育实践活动，让学生正确全面地认识自然。自此以后，生态文明教育在我国德育和素质教育体系中占据了举足轻重的地位，并发挥着引领社会价值取向的核心作用。我国生态文明教育在发展中逐渐形成了本土化特色教育体系，各地因地制宜，利用本地资源推进生态文明教育，形成具有本土特色的生态文明教育模式。

2014 年修订的《中华人民共和国环境保护法》第一章第九条明确规定："教育行政部门、学校应将环境保护知识纳入学校教育内容，培养学生的环境保护意识。"这标志着我国立法机构对生态文明教育的高度关注。我国还积极构建生态文明教育评价体系，中华人民共和国环境保护部发布的《2013 年全国环境宣传教育工作要点》提出："加快建立构建全民参与环保的行动体系和宣传教育评价考核体系。"标志着生态文明教育从保障基本质量向高质量发展迈进。2021 年，生态环境部、中央宣传部、中央文明办、教育部、共青团中央、全国妇联六部门发布的《"美丽中国，我是行动者"提升公民生态文明意识行动计划（2021—2025 年）》也明确要求学校课程要适当融入生态思想的内容，将生态文明融入我国现行教育体系中，重视对学生生态观念的培养。

二、国外环境教育研究

国外虽然没有"生态文明观培育"的概念，但与生态文明有关的教育思想仍散见于以"环境教育""可持续发展教育"等关键词的研究中，为我国生态文明观培育研究提供了丰富的素材和研究线索。

环境教育的内涵随着社会的发展不断丰富。1970 年，国际自然与自然资源保护联合会（即世界自然保护联盟，简称 IUCN）在美国内华达召开会议，提出环境教育概念，得到了世界各国的肯定，即环境教育是人们重新建立塑造生态价值观念的过程。1970 年 10 月，时任美国总统尼克松签发的《环境教育行动法案》中认为环境教育是公众要从社会环境和自然环境两方面入手，思考人类自然的关系，分析解决生态环境问题。1975 年，《贝尔格莱德宪章》阐明了实施环境教育可以帮助人们更加清楚地认识自然环境与人类生存之间的关系，帮助人们掌握与生态环保相关的理论知识，促使人们将环境保护的技能应用到生活中，形成新的社会发展模式。1977 年，《第比利斯宣言》指出环境教育是一种终身性的教育，教育的对象是全体公民，在生态环境发生变化的过程中需要进行相应的反馈与调整，塑造培养人们正确的价值观，从而更好地解决人类与自然之间的矛盾。虽然当前国内外对于环境教育的概念并没有一个统一的标准，但是各国学者都认为这是一种价值观念和技能培养的教育，这一基本内涵达成共识。

除了上述内容之外，关于生态文明教育实践的研究也同样在不断发展。国外发达国家环境教育的显著特点是注重社会实践活动，让学生在自然中学习生态知识，培养生态意识。例如，法国中小学的环境教育以课外活动为主，具体方式包括提供经费设立活动中心等。这些活动中心常常依托于富有历史底蕴的名胜地区，配备了一支专门的教育团队，他们协同各学校的带队老师，共同策划并实施为期一周至一个月不等的校外实地学习活动，以便学生深入体验与学习。日本也在相关文件中明确规定，要增强学生的生态体验体感，增加探究式实践，重视参加型活动对环境意识的孕育。1949年，联合国召开了保护和利用资源科学会议。在此之后，联合国教科文组织根据大会的精神，建立了国际自然保护基金会。通过基金会的资助，成立了国际自然保护联盟和国际环境教育委员会。这表明，国际组织已经开始承担起环境教育的责任，环境教育已经由概念阶段进入实践阶段。

美国政府在世界上较早倡导通过教育的途径来保护与改善环境，于1970年制定了世界上第一部《环境教育法》，有效地保证了环境教育在学校教育实践中的融入与落实。其后，西方国家纷纷响应，在教育方法上进行了大胆的创新，如澳大利亚所采取的渗透性教学法，将环境教育的理念与内容巧妙融入其他学科的教学之中，形成了一种独特的跨学科教学模式，并大力推广实践教学法，使学生在实践中深刻感受与理解环境保护的重要性。同时，环境教育的顺利推进也得到了法律的有力支撑，英国、澳大利亚、日本等国纷纷制定相关法律法规，为环境教育的开展提供了坚实的保障。

澳大利亚于20世纪90年代末至21世纪初发布了一系列政策文件用以支持可持续发展教育，形成了自身的实践特色。澳大利亚学校教育国家教育目标中规定环境教育的目标就是发展学生对地区平衡发展的理解能力，提升他们关注环境的态度。2002年，澳大利亚联邦政府推出了“可持续学校计划”，可持续学校（sustainable schools）是以可持续发展为指导理念的一种办学模式，是一种面向可持续发展环境教育的实践模式。创建以可持续发展为导向的学校文化、学校与所在社区的积极合作等方式积极推进可持续发展教育。

日本则于1972年制定了《自然环境保护法》。1977年，日本环境协会对于中小学校学习指导要领进行了修订，增加了对环境问题的关注。1993年制定了《环境基本法》，并于次年环境厅依据此法制定了环境基本计划，以促进进一步的落实。由此可见，环境教育立法以及评价体系的确立是国外环境教育开展的重要举措，旨在通过顶层设计的完善为环境教育提供切实的指引和保障。

除此之外，一些国家十分重视专业化与跨学科的课程设置。英国较早地实现了环境教育的跨学科课程设置，将环境教育以跨学科的方式纳入国家课程体系，并作为必修课程，并对环境教育的目标、内容、实施途径作了系统阐述，提出大学要开展跨学科的终身环境学习和承担环境责任的相关活动，开设各种能提高个人、社会和职业的环境责任感的课程，创新环境教育的课程模式，为培养绿色人才发挥了重要作用。澳大利亚的如新南威尔士州在学校环境教育的实施中提出：课程大纲应该具有环境敏感性，使学生理解和认可澳大利亚和全球环境的复杂性和脆弱性，并在开发利用环境中做出合理、明智的决定。在此基础上，该地区在每个学段的大纲中，英语、数学、科学、社会与环境等八个核心学科都明确规定了各自的环境教育目标，并且确保这些目标与学校整体的规划与管理紧密相连。与此同时，它们不仅涵盖了理论层面的学习要求，还延伸到了诸如水资源管理、垃圾分类实践、生物多样性保护等实际活动，旨在通过跨学科的方式将环境教育理念深深植根于每个学科领域和社会实践活动之中，为环境教育开辟了新途径。

尽管生态文明这一概念最初由西方学者提出，但却并未得到广泛应用。有学者认为，2015 年联合国发布的《变革我们的世界：2030 年可持续发展议程》是联合国教科文组织第三轮全球可持续发展教育行动计划的标志性事件，自此，促进“人与地球的关怀共生”逐步成为可持续发展教育的核心理念，也有学者将这一段视为“为了实现人与地球共生共存的可持续发展教育”阶段。尽管国际社会在表述上仍沿用可持续发展教育这一概念，但其强调的“人与地球共生共存”内涵与生态文明理念的本质一致，因此，这一阶段也可以称为“为了生态文明的教育”阶段。2014 年，我国举办了首次以“生态文明”为主题的国家性、国际性高峰会议，此次会议围绕中国生态文明建设实践、中国传统生态智慧以及马克思主义生态思想等议题展开了深入研讨，彰显了中国在生态文明教育领域的国际影响力。此后，如全球生态文明智库高峰论坛、中国高等教育学会生态文明教育研究分会年会等一系列以生态文明教育为主题的国际会议相继召开，相继推动了国际社会有关生态文明教育的深度探讨。生态文明是超越环境保护、更适应世界和人类发展需要的更高阶段，一些国家的环境教育、可持续发展教育仍需进一步从理念与实践上跃升至生态文明教育的发展高度。

三、青少年生态文明教育的重要性

新时代党和国家高度重视中小学生生态文明观的培育，培育中小学生的生态文明观是当前我国推动生态文明建设的重要举措。同时，国家颁布一系列政策法规保障生态文明观培育的开展和落实，在师资培训、课时安排、教学材料等方面都做出了具体和明确的指导，为学校培育学生的生态文明观念提供了方向性引领和方法性指导。

推进人与自然和谐共生的现代化建设，完善的生态文明教育制度是激发全社会呵护生态环境内生动力的主要路径之一。习近平总书记在党的十八大报告中明确要求：“要加强生态文明宣传教育，增强全民节约意识、环保意识、生态意识，营造爱护生态环境的良好风气。”“新时代生态文明建设要从娃娃抓起，通过生动活泼的劳动体验课程，让孩子亲自动手、亲身体验、自我感悟，让‘绿水青山就是金山银山’的理念早早植入孩子的心灵。”建设完善的生态文明教育制度是新时代生态文明建设不可忽略的选项。

生态文明建设促进全体公民生态文明意识的形成，同时也助推良好生态文明素养的养成，青少年作为建设祖国未来的储备力量，应该从小接受生态文明教育，在亲近自然、了解自然的基础上能够树立保护自然的意识，培养热爱自然的生态意识，在学习和体验过程中树立绿色发展理念，不断成长为具有生态文明观念的时代新人。这是建设美丽中国在新时期对青少年生态文明教育提出的迫切需求和期望。生态文明教育对生态文明建设具有支撑作用，同时生态文明建设又引领生态文明教育的实施。

人是社会发展的主体，教育对社会发展起着基础性、先导性的作用。生态文明教育肩任重而道远，培养人才、传播生态文明理念、帮助人们形成健康、环保的生活习惯，要深化对生态文明的认识，引导生态文明教育成为素质教育的重要组成部分。可见，开展生态文明教育，是推动我国生态文明建设的必然要求。生态文明教育要紧跟时代发展的步伐，以先进的思想和理念为指导，与时俱进，不断丰富其内容。

第三节　生态文明教育的发展沿革

在国家进行生态文明建设的过程中，环境教育和生态文明教育也在不断地发展。从各个时期的指导思想与教育重点来看，生态文明教育大体可以分为为了环境保护的教育、为了可持续发展的教育、为了生态文明的教育三个阶段。

一、为了环境保护的教育

随着技术水平的不断提高，人民的生活水平也在稳步提升。经济社会的快速发展与工业、农业的现代化进程密不可分。由于海洋、天然气、矿产和木材等资源被广泛地开发和使用，工农业生产依赖的资源受到了极大的影响。极端的开发与利用，对生态系统的稳定性造成了极大的危害，加剧了人类和自然之间的矛盾，并严重制约了人类社会的发展进程。环境问题不仅对社会和经济发展产生负面影响，而且威胁着人类的健康和生存，可能导致生态系统崩溃和自然灾害的发生。因此，优先考虑环境保护，对人类的生存和发展至关重要。

环境保护可以通过环境教育来实现。环境教育是一项有组织、有计划的教育活动，旨在向公众传授环境保护的知识、技能和意识。这些活动对学生而言是一个难得的机会，能更加深入地了解环境保护的重要性，培养他们对可持续发展的理解，有助于学生良好道德品质的形成并促进其全面发展。

环境教育是人类的共同责任，向青少年传授环境知识具有极其重要的意义。学生时代的个体人生观、世界观、价值观尚未成型，具有很强的可塑性，这正是系统性的开展环境教育的优质窗口期，有利于学生养成正确的环境观，更好地参与到社会发展和环境保护中。

二、为了可持续发展的教育

“可持续发展”的概念从 1992 年被提出后便得到世界各国的普遍重视，中国的“为了环境保护的教育”也转向了“为了可持续发展的教育”。可持续发展教育的观念是由“可持续发展”的观念演绎而来。国内外对于可持续发展的内涵研究，其基本的出发点是 1987 年世界环境与发展委员会（WCED）出版的《我们共同的未来》报告中对可持续发展所做的基本定义及阐释，即“能满足当代人的需要，又不对后代人满足其需要的能力构成危害”。对于可持续发展教育的概念及内涵研究，主要也是围绕这一基本精神展开的。可持续教育不仅是高质量发展教育的核心要求之一，也是促进可持续发展建设的关键策略，它对改变教育价值观、人类的思维方式和发展观具有重要意义。在可持续发展的研究内容层面，大致历经了一个“环境可持续→人类可持续→人与自然可持续”的建构及拓展过程。

党的十八大以来，以习近平同志为核心的党中央加强了党对可持续发展建设的全面领导，不断推进理论创新、实践创新和制度创新，提出了一系列新理念、新思想、新战略，为可持续发展指明方向。教育是国之大计，党之大计、润物无声，教育一代又一代的年轻人牢固地树立起社会主义可持续发展观，促进人与自然和谐发展的现代化建设新格局。

三、为了生态文明的教育

自从党的十八大以来，伴随着我国生态文明建设的不断深入，我国的环境教育事业实现了从环境教育到可持续发展教育再到生态文明教育的历史性转变。2012 年以来，我国生态文明教育的确立和发展主要体现在以下几点。

首先，生态文明教育得到确立。2012 年，党的十八大报告首次将加强生态文明宣传教育作为一项在国家重要文件中的内容。2015 年，中共中央、国务院《关于加快推进生态文明建设的意见》提出，把生态文明教育作为素质教育的重要内容，纳入国民教育体系和干部培训体系。2017 年，生态文明教育被作为一项重要内容在《国家教育事业发展“十三五”规划》和《中小学德育工作指南》中提出。习近平总书记在 2018 年国家生态环保会议上再次强调生态文明教育的重要性。2021 年发布的《“美丽中国，我是行动者”提升公民生态文明意识行动计划（2021—2025 年）》从学校和社会两个层面上，对全民生态文明教育进行了系统的安排和部署，并在此基础上提出了“绿色中国，我是行动者”的建议。

其次，生态文明教育主体更加广泛。原来的环境和可持续发展教育的主体主要是政府、教育部门、环保组织和广大民众，现在企业也积极承当起了生态文明教育主体的角色和任务。2013 年，“生态文明 · 绿色家园”关注气候中国峰会上，中石化明确表示将开展“蓝天碧水”环保活动，这为其他企业树立了绿色企业的榜样，也为提高全民生态文明素质起到推动作用。

最后，高校和中小学生态文明教育得到持续发展。北京林业大学开设了网易公开课如“令人憧憬而困惑的生态文明”等课程，为在校学生乃至全体公民生态素养的提高提供了途径。生态文明教育已形成国家引导、地方主导与学校自主相结合的格局。

第四节　生态文明教育的目标

生态文明教育的目标就是生态文明教育所期望达到的结果。它规定了生态文明教育的内容及其发展方向，是生态文明教育的出发点和归宿，制约着整个生态文明教育活动的进展情况。目标的科学性直接关系到生态文明教育的成效。只有目标正确，才能为生态文明教育的实施确立正确的方向，使之沿着正确的轨道发展，从而取得良好的效果。

一、生态文明教育的最终目标

生态文明教育的最终目标就是通过家庭教育、学校教育和社会教育的途径提高社会成员的生态文明素质和相关行为能力，以使其逐渐树立起生态文明观念，并能够在生产生活中自觉践行。简言之，生态文明教育的最终目标就是培养和塑造具备科学生态观、适应社会发展需要的生态公民。

科学生态观是人类对生态问题的总的观点与认识。这些观点建立在生态科学所提供的基本概念、基本原理和基本规律的基础上，是在人类与全球自然生态系统的基本层次上进行哲学世界观的概括，指导人类认识和改造自然的基本思想。基于对人与自然关系的理解和认识，人类的生态观也在不断演化。为了使生态文明理念在全社会能够牢固树立，生态文明教育应该引导社会成员逐步形成科学生态观，逐步成长为适应社会需要的生态公民。

生态公民是指具备一定的生态文明素质和行为能力，在生产生活中积极践行生态文明思想的新时代公民。

生态公民应具备以下三个方面的显著特征。

（1）具备较高的生态文明素质。所谓生态文明素质，是指人们生产生活中的行为方式所体现出来的对生态知识与文明理念的认知水平。公民的生态文明素质包括两个方面的内容，一是人的意识中的生态保护知识与生态文明观念；二是社会实践中的生态化行为表现。

（2）享受生态环境权利。生态公民在不违背自然生态规律和社会整体利益的前提下，享有为了维持其自身基本生存和基本需要的权利，享有不遭受环境污染和环境破坏的权利。2005年国务院发布的《关于落实科学发展观加强环境保护的决定》指出，要让人民群众喝上干净的水、呼吸清洁的空气、吃上放心的食物，在良好的环境中生产生活。这是党和国家承诺让我国公民享有的重要生态环境权利。

（3）承担生态环境义务。社会成员在享用新鲜的空气、干净的水、安全的生活环境等生态权利的同时，必须要承担保护生态、爱护环境的义务，不能把废气、废水、废渣等有害物质随意排向空中或水中。总体来说，生态公民的义务、职责和使命便是恢复和维护生态环境，保持生态安全和生态平衡。因此，生态公民必须做到尊重生命，保持地球的生命力。

二、生态文明教育的具体目标

生态文明教育作为一种培养人的教育活动，本书从人的道德形成过程与知行统一的视角制订教育的具体目标。

（一）获得生态文明认知

认知是指通过人的心理活动（如形成概念、知觉、判断或想象）而获取知识。一种认知的获得，需要对客观事物进行加工，通过形成概念、判断、推理等方式形成。一般认为，认知与情感、行为等相对存在，是情感和行为产生的基础。认知对行为习惯的养成具有导向作用，一个人在某方面的认知状况对其行为活动具有直接影响。认知是把一定社会的价值观念、规范转化为社会成员日常行为习惯的基础和前提。

生态文明认知是指人们对生态环境客观状况的认识，是有关生态环境的基本常识和人与自然关系的价值态度。从内容上说，生态文明认知不仅包括关于人类之外的生态环境的所有认知，也包括人类自身及其与外部生态环境之间关系的认识，乃至包括人与人、人与社会相互关系的认识。从层次上看，生态文明认知不仅包含对生态现象的表面描述、深层原因以及规律的把握，而且涵盖人们对自然万物的价值性评价以及对人类行为方式恰当性的评价。在生态文明教育体系中，生态文明认知以其对生态环境的认识、对客观环境的直观反映，为生态文明情感提供现实的素材和依据，使生态文明情感有了现实的依托和基石；同时它又为生态文明行为提供行动的指南和方向，促使生态文明行为朝着生态环境的需要和社会发展的方向服务。显然，生态文明认知对于一个人形成较为深刻的思想信念具有基础性意义。

生态文明教育的最基本目标就是让受教育者通过各种途径与方法认识和学习有关生态、环保、资源、节约等方面的知识，为进一步培养生态文明情感、树立生态文明理念打下基础。这是生态文明教育的起点，没有对生态文明的基本认知，社会实践中也不可能表现出生态化的行为方式。

（二）培养生态文明情感

情感是人对客观事物是否满足自己的需要而产生的态度及体验。生态文明情感是人们在现实生活中对自然万物、生态环境以及人与自然关系等方面表现出来的一种态度。一般说来，情感是伴随着人们的认识而产生和发展的，对人的行为起着很大的调节作用，并对人的素质和行为方式的形成起着催化、强化作用。生态文明情感是人们对自然环境的深厚情感，包括对山川湖海和各种生物的尊重和热爱。这种情感源于两个主要方面：一是自然之美能够满足人们的审美需求，激发对自然的敬仰和爱惜；二是自然作为人类生存和发展的基础，深刻认识到其重要性的人们会对自然产生认同、依恋、感恩和爱护之情。

生态文明情感在生态文明认知基础上形成，是对生态文明认知的深化和发展，也是生态文明观念形成的催化剂。通过生态文明情感，可以将外在的客观环境与内在的自我意识建立联系，并积极影响生态认知，在此基础上，共同促进生态行为的产生。通过情感体验，转化受教育者的生态认知，培养其尊重自然、关爱自然、保护自然的生态文明情感，并使之逐步向日常行为习惯转化，从而达到提高全体社会成员生态文明素质的目的。所以，生态文明情感是受教育者心理在生态认知基础上的进一步提升，是对应生态行为表现的前提条件，培养青少年的生态文明情感是生态文明教育的重要目标之一。

（三）树立生态文明信念

信念是人们的心理发展过程在认知、情感、意志基础上的进一步深化，是人们自内心深处对某种理论或规范的正确性、科学性的虔诚信任。信念是深刻的认识、强烈的情感和顽强的意志的有机统一，其统一的基础就是人们承担某种义务的社会实践活动。信念具有持久性、稳定性和综合性的特征，对个体在实践中的行为选择具有决定性作用。生态文明信念是人类对人与自然和谐共生价值的深刻理解和坚定信仰，它体现了对保护环境和维护地球生态平衡的高度责任感。这种信念不仅表现为对地球和自然的热爱，还体现在对资源的珍惜和对生命的尊重上。

生态文明信念的形成是在认知、情感和意志基础上的自然升华，是指导生态文明行为的直接引擎。生态文明信念能够保证一个人的行为生态化具有持久性与稳定性。因此，树立生态文明信念是生态文明教育目标的高层次表现，也是衡量一个人的生态文明素质的重要指标。

（四）养成生态文明行为习惯

行为是人们知识水平及道德素养的综合表现和外在反映，是衡量个人道德品质与思想素质优劣的根本指标。行为主要指人们的习惯性行为，它对个人认知、情感、意志和信念的积极形成与巩固起着重要作用。生态文明教育的归宿就是使社会公民养成良好的生态文明行为习惯。生态文明习惯就是指人们在想问题、办事情时能够不自觉地以环境、资源、其他动植物乃至整个生态平衡的积极影响为出发点。生态文明习惯的养成是一个心理发展和行为转化的过程。它起始于对生态文明的相关认知，随后滋生积极的情感体验，进而形成坚强的意志，并在持续不断的意志力作用下固化为稳定且坚定的信念。这一过程实现了从知识内化到信念形成，并最终外化为实际生态文明行动的转变。

生态文明行为习惯一旦形成，就会自觉地进行生态实践活动，并以其生态文明素养反作用于社会，引导和带动社会公众形成生态文明观念，从而促进社会生态文明氛围的形成。能够在日常生活中养成节约资源、保护环境等良好习惯是一个人生态文明素质高低的最终表现和检验标准，这也是生态文明教育目标的最高层次。

第二章　生态文明教育理论

第一节　生态文明教育理论内核

一、生态与文明

“生态”一词源于希腊语“oikos”，原意指“住所”或“栖息地”。从词源学意义上看，所谓“生态”，即自然与生物、生物与生物间存在的影响关系及生存与发展状况。“生态学”一词最早出现于1866年，由德国生物学家海克尔首先提出。他指出生态学属于全新的学科，主要研究内容为自然与生物、生物与生物间存在的相互影响关系。

我国传统意义上的“生态”主要有以下三层含义：一是指显露美好的姿态。如“丹荑成叶，翠阴如黛。佳人采掇，动容生态”（语出梁简文帝《筝赋》）中的“生态”。二是指生动的意态。如“隣鸡野哭如昨日，物色生态能几时”（语出杜甫《晓发公安》）。三是指生物的生理特性与生活习性。如“我曾经把一只虾养活了一个多月，观察过虾的生态”（语出秦牧《艺海拾贝虾趣》）。《现代汉语词典》中关于“生态”的解释是：“生物在一定的环境条件下生存与发展的状态，也指生物的生理特点和生活习性。”

现代意义上的“生态”主要有以下四层含义。第一，生态象征着某种耦合关系，这种耦合关系主要存在于整体与个体、自然与生物、局部与整体之间。而民间泛谈的生态是生命生存、发展、繁衍、进化所依存的各种必要条件和主客体间相互作用的关系。第二，生态是多学科综合研究的对象，涉及很多不同的学术领域，不仅是人类了解自然、适应自然的学科，而且是研究自然与生物关系的学科，更是人们改造自然、利用自然的一门工程技术，还是人类养心、悦目、怡神、品性的一门自然美学。第三，生态表示一种和谐状态，常常作为褒义词使用，用于描述自然与人类的和谐关系，为“生态关系和谐”的简写。以生态旅游、生态城市等词语为例，这类词语均属于经过约定俗成被人们广泛接受使用的短语。同时，生态还表示人和自然环境在时空演替过程中形成的一种自然文脉、肌理、组织和秩序。第四，生态还是一种定向的进化过程，生态系统会从低级向高级、从简单到复杂进行定向演化，逐渐实现物质流通量越来越低、能值转化率不断提升、信息的交流越来越频繁、共生关系越来越丰富，进而达成较高的自组织能力和闭路的物质循环。

随着人类实践的发展和认识的深化，“生态”这个词语有了更具体、更深刻的含义。生态是一种优胜劣汰、共存、再生、自生的生存与发展机制；是一种保护生存条件、发展生产力的策略方法；是技能、机制、文化行业中的一场彻底的社会调整；是一种寻求人类社会持续前进和完善的长期发展过程。由上可知，尽管“生态”一词在不同的语境下有不同的意义，但其基本意义应该是自然界生物之间、生物和环境之间的相互关系以及生存和发展的状态，简言之，即一切生物的生存状态。

“文明”一词源于拉丁文“civis”，意思是城市中的居民，其实质是指人们和谐地生活在所在地区与社会团体中的水平。从文艺复兴时期开始，“文明”这个词开始被视为和“野蛮”相对应的形容词，它的基本意义是“讲文明的”“有修养的”等。而从野蛮转变为文明，就需要提高修养，因此文明的范畴也发生了扩展，素养、开化等含义也融入了文明的范畴之列。至此，文明不但囊括了素养、开化的含义，还包含经过开化之后达到的状态。美国人类文化史家菲利普・巴格比提出，原始的文明特指人类个体修养的历程。18 世纪中期开始，文明的内涵发生了转向，不再特指过程，更多地强调修养的状态，甚至还可以指代某类特定的活动模式。根据法国哲学家马克西米利安・保罗・埃米尔・利特雷的观点，文明即开化的行为，经过开化的状态，是技术、宗法、绘画、科学等互相影响所形成的观点与风格的整体。随后，人们慢慢开始将修养开化所达到的状态以及在面对外部的自然与社会环境时各个领域创造的成果称作文明。奥地利学者西格蒙德・弗洛伊德指出，“文明”仅是指人们面对生态环境时的自我保护和人际交往的改进所积累而形成的结果、规则的整体。

在我国“文明”一词含义也比较丰富，在不同的语境下其意义也有所不同。特别是在我国古代，“文明”一开始并不是与“野蛮”相对的意义，而是“光明、有文采”的意思，同时，“文明”还可以做动词使用，即“开化、教化”的意思。随着社会历史的发展，“文明”一词的用法也在发生演变，到了近代，“文明”才逐渐被人们广泛认为是“社会进步，有文化的状态”的意思。

国内研究人员虞崇胜在研究中对文明的概念进行了统计①，将文明的定义归纳成以下 13 类：①文明属于先进的社会体；②文明属于先进的社会文化；③文明属于物质层面，文化属于精神层面，文明与文化紧密结合，不可分割；④文明属于社会的产物；⑤文明属于人类社会进步、发展的结果；⑥文明是人类适应自然、改造自然的能力；⑦文明属于文化的升华与创新；⑧文明属于个体与社会活动的体现；⑨文明属于最广泛的文化实体；⑩文明属于知识、信息的传播方式；⑪社会所有的内容均包含在文明之内；⑫文明属于人类反抗自然、调节人际关系的成果；⑬文明属于都市化的文化。“文明”一词内容丰富，意义深远，并且处于持续发展演进之中。

虽然“文明”这个词的含义非常丰富，但整体来看，它指的是人类社会在前进过程中所取得的经济、文化与制度等方面成果的综合。从人类社会的发展过程来看，“文明”是伴随着人类进行群居生活以及社会劳动分工而开始，是人类社会初步形成之后产生的一种社会现象，是在物质资料比较丰富的前提下产生的。一般认为，“文明”指的是人类所创造的物质财富与精神财富的总和，其中包括文学、工艺、教育、科技等，也是社会发展到一定时期反映出来的整体状态，是人们审美观点与文化现象的顺承、前进、融

① 虞崇胜 . 政治文明论 [M]. 武汉：武汉大学出版社，2003.

合与细化过程中所形成的生活形式、思维形式的总和。

文明是人类社会的一个基本特点，是人类在了解世界与改进世界的过程中逐渐产生的思想意识与持续提升的人类本性的现实表现。恩格斯曾经指出："文明是实践的事情，是社会的素质。"在这里，恩格斯特别指出了文明的现实性与社会性。文明的过程指的是人们利用不同的模式所实现的对个体、社会、自然的劳动改造。借助于劳动改造得到的事物均属于文明成果的范畴。总之，文明是与野蛮相对的，是人类走出野蛮时代以后的社会发展程度和进步状态，是人类社会前进发展的重要标志。

二、生态文明内涵

据考证，我国最早提出生态文明概念的是著名生态学家叶谦吉。1987年在《真正的文明时代才刚刚起步——叶谦吉教授呼吁"开展生态文明建设"》一文中，有叶谦吉对"生态文明"的描述性界定。他认为生态文明属于自然与人类之间形成的某种关系，在这种条件下，人类在得到大自然馈赠的同时，也要对自然的发展起到积极的促进作用，对自然改造的基础上要做到对自然的尊重，实现人与自然的互利共赢。这是我国学者对生态文明概念的最早界定，这种对于生态文明内涵的"关系说"阐明了人类应该如何对待自然，但在理解上尚缺乏深刻性与全面性。

从人类文明的发展历程来看，生态文明是人类存续所追求实现的一种社会形态。文明是人类文化发展的成果，彰显着人类社会发展的层次水平。从人类社会的发展与演进的角度来看，生态文明属于全新的文明形式，是在渔猎文明、农业文明、工业文明基础上逐渐发展而来，为了人类种族的延续，人类最终要走向以天人和谐为主要特征的生态文明社会。生态文明是未来社会发展的趋势，而迈向生态文明社会的关键在于实现生活方式与生产方式的生态化转变，要以人与自然协调发展作为基本准则，要在各个方面对传统工业文明和整个社会制度进行调整和变革。

从具体社会形态下的特定阶段看，生态文明是社会文明发展的一个方面。生态文明属于改善与维护自然环境而取得的成果的综合体现，它主要表现在人和自然的协调发展以及社会生态思想、政策方针、法律制度、生态伦理、文化艺术等方面的提升与改进上，同时还表现在生态环境改良方面。生态文明建设的目标是让经济发展和资源、环境相和谐，形成良性循环，迈入社会经济发展、生活质量提升、人与自然和谐相处的发展轨道，确保人类社会的可持续发展。

从人类期望实现的愿景来看，生态文明是人类在正确处理人与自然关系的基础上取得的物质成果、精神成果等方面的总和。对生态文明概念的界定，学界普遍认同的是国家环保部原副部长潘岳对生态文明的定义，他认为生态文明是指人类遵循人、自然、社会和谐发展这一客观规律而取得的物质与精神成果的总和；是指以人与自然、人与人、人与社会和谐共生、良性循环、全面发展、持续繁荣为基本宗旨的文化伦理形态。可以看出，这一定义内容丰富全面，较为恰切地对生态文明的内涵进行了概括。这不仅明确了生态文明是基于人类正确思想意识而取得的精神与物质成果之和；也强调了在追求生态文明的过程中，人类应当对社会、自然、人类三者之间的关系进行科学、有效的协调；同时它还对生态文明的发展目标与前景进行了概括。

生态文明概念内涵丰富，外延广阔，在不同的语境下其内涵是不同的，应该对其从多角度、多层面进行理解和研究。生态文明是人类为了实现整个生态系统（包括自然界和人类社会）的平衡稳定与永续发展在生产生活中自觉践行的以科学发展与和谐共生为主的价值理念与思维方式。对于生态文明定义的把握一方面需要关注人和自然的协调共生，另一方面更应注重人和自身、人和人、人和社会关系的协调，因为人和自然关系背后反映出的是人和自身、人与人以及人与社会之间的各种复杂关系。

三、生态文明特点

对生态文明基本特点的准确把握是进一步理解其内涵的重要方面，生态文明作为一种必须贯穿经济、政治、社会、文化发展的各方面与全过程的治国方略与价值理念，明确其内涵与特点是落实生态发展理念、加强生态文明教育的前提条件。

就生态文明的特点而言，学术界研究者多是立足于社会形态和社会发展的角度分析其特点。有的学者认为，生态文明具有全面性、和谐性、高效性、持续性的特点。有的学者从文化价值观、生产方式、生活方式与社会结构四个方面分别指出，生态文明的主要特点有：人与自然关系的平衡；经济社会与环境的协调发展；倡导适度消费、反对过度消费；民主、正义与多样性。还有的学者认为，生态文明的特点表现在：价值观念上给自然以平等态度和人文关怀；实践途径上自觉自律的生产生活方式；社会关系上推动社会走向和谐；时间跨度上的长期艰巨性。

立足本书对生态文明概念的界定，作为价值理念的生态文明主要有伦理性、和谐性、导向性三个特点，具体如下。

（一）伦理性

传统意义上，伦理一般是指处理人与人之间关系的各种道德准则。可见伦理道德通常处理的是人与人之间的关系，并不包括其他生物和非生物。生态文明的伦理性则强调将道德关怀从社会延伸到非人的自然万物及整个生态环境。生态文明理念认为，人和自然界的其他物种地位平等，均是构成生态体系的一个因素。整个生态系统中的主体不只包含人类，也包含其他生物和非生物；不只是人类有价值，其他生物也同样有其自身价值。所以人类应该尊重自然，承认自然价值的存在，对待自然万物应该体现应有的道德准则，同时要肩负起保护自然的义务。

从生态文明的价值理念来看，文明应该从单一的人际交往伦理走向人与人、人与自然之间的多层道德关系。在人类和自然发生某种关系的时候，人类一方面应考虑人类的发展和利益，遵循社会历史的发展规律；另一方面还应考虑自然系统的平衡与稳定，遵循自然界的发展规律。作为人类历史发展必然的文化伦理状态，生态文明的建设目标就是缓解人和自然的冲突，调节人和自然的关系，使越来越多的人接受善待自然、关爱生物的理念，从而不断地推动整个社会生态伦理意识的提升。

（二）和谐性

生态文明的和谐性意味着人与自然、人与人和人与社会的和谐共生，它是生态文明的核心内容。在现代工业文明所引发的种种生态危机下，人们逐渐认识到要实现人类社会的永续发展不仅要处理好人与人、人与社会的关系，更应该处理好人与自然的关系，必须走出人与自然对立的误区，形成崇尚自然与保护环境的发展观念。人类本身是自然界的一个组成部分，人类的生存和发展一刻也离不开自然界，因此实现人与自然的和谐是整个人类社会和谐进步的重要基础。

为了达到人和自然共同发展的和谐状态，人类必须学会认识与了解自然、尊重自然规律，自觉维护自然界的平衡与稳定。唯有如此，才能做到依照自然规律来改造和利用自然，进而实现人和自然的和谐。

（三）导向性

导向性是指具有某种倾向的价值观念或思想意识使受众充实或调整自己的认知结构，指导其行为，从而将其引导到一定的目标上的功能属性。生态文明具有明显的价值导向性，它的本质内涵体现出自然万物都有其内在价值，从整个生态系统的平衡与发展来说，所有的自然存在物的价值都需要得到人类的尊重与维护。这就要求人们在追求人类自身发展的同时，要保护物种的多样性，维护自然平衡，合理使用自然资源。工业文明时代，人类过分注重物质文明与经济增长而忽视了环境和生态问题，从而造成了环境污染、资源匮乏和生态退化等严重后果。

现在我们之所以提出生态文明的发展理念，就是要扭转原来的错误认识和发展方式，倡导人们在发展经济的过程中必须保护环境、维护生态，追求人与自然的和谐共生与良性互动。可见，生态文明在发展理念层面上的导向性在于引导人们用文明的方式对待生态和环境，唯有如此，我们才能实现人与自然的和谐与人类社会的可持续发展。

第二节　生态文明教育内涵

对生态文明教育内涵的全面、深刻把握是有效实施生态文明教育的前提。但是，当前研究领域对于生态文明教育的提法与界定并不一致，有生态教育、生态文明教育、生态文明观教育和生态道德教育等。下面对以上概念进行简要梳理与对比，以期更全面地理解生态文明教育的内涵。

一、生态教育

1988 年版《社会科学新辞典》中对生态教育作出了如下解释：生态教育主要指热爱自然和保护自然的教育。这是社会生态文明的重要组成部分，是培养全面发展的人的一个重要方面，也是协调社会和自然相互关系的主要途径之一。生态教育的目的在于使青年一代和所有居民能够践行人与自然和谐的文明发展理念，自觉树立认识自然、尊重自然、善待自然的正确态度，并能养成爱护周围环境的习惯和能力。

二、生态文明教育

对于生态文明教育概念多是从实践活动层面界定的，也有个别学者从学科教学的视角开展研究。陈丽鸿、孙大勇认为，“生态文明教育是针对全社会展开的向生态文明社会发展的教育活动，是以人与自然和谐为出发点，以科学发展观为指导思想，培养全体公民的生态文明意识，使受教育者能正确认识和处理人—自然—生产力之间的关系，形成健康的生产生活消费行为，同时培养一批具有综合决策能力、领导管理能力和掌握各种先进科学技术促进可持续发展的专业人才。[①]”也有研究人员指出，生态文明教育是以科学发展观为指导，以人与人、人与社会、人与自然和谐共生为教育目标，面向全社会所进行的一切有目的、有计划的教育实践。生态文明教育的内容根据其层次的不同，可以划分为生态文明行为教育、生态文明知识教育、生态文明意识教育和生态文明价值观教育[②]。

此外，有学者从学科教学的角度认为，生态文明教育是以多学科交叉为特点，目的是激发教育对象的生态环保情感，让其明白人类和自然环境的和谐共存关系，提升其保护自然的行为能力，最终树立科学的环境价值观的一门教育科学[③]。

三、生态文明观教育

有学者认为，生态文明观教育是以正确处理人与自然的关系为基点，把科学发展观作为主导理念，目的是要培养具备生态文明观念、生态文明知识、生态文明态度，能够在实践中科学认识和处理自然、社会与人三者的关系，进而养成爱护环境、维护生态、节约资源等文明行为，最终具备较高的综合素质和全面发展能力的大学生[④]。

生态文明观的中心是生态文明价值观，倡导把生态和谐的准则作为基本观念与指导理念，以正确对待人和自然、经济、社会等诸方面的关系。在上述观点指导下开展的教育就是生态文明观教育，具体包括生态伦理观教育、对自然的感恩教育和公共生态教育。

此外，也有研究人员指出，生态文明观念是包含促进人与人之间、人与自然之间以及可持续发展与生态环境保护之间的互利共生、协同进化和发展的观念。人与自然之间需要和谐发展也必须共同发展，这是生态文明观念的核心内涵[⑤]。因此，生态文明观教育的内容可以概括为生态文明价值观教育、生态文明法制观教育、生态文明消费观教育、生态文明平等观教育和生态文明审美观教育等方面。

---

① 陈丽鸿，孙大勇．中国生态文明教育理论与实践 [M]. 北京：中央编译出版社，2009.

② 郭岩．黑龙江省生态文明教育理论与实践研究 [D]. 哈尔滨：东北林业大学，2010.

③ 于玲．关于在全社会大力开展生态文明教育的几点思考 [C] // 辽宁省环境科学学会 2007 年学术年会．中国环境科学学会，辽宁省环境科学学会，2007.

④ 段海超．论大学生生态文明观教育 [J]. 思想教育研究，2011（10）：93-95.

⑤ 冯霞．试论大学生生态文明观教育 [J]. 学校党建与思想教育，2005（9）：52-53.

四、生态道德教育

生态道德教育是指特定的社会或阶层，为了让人类在自然活动中遵守生态道德的规范与准则，主动承担保护自然环境的义务与责任，有目的、有策略地对人类进行整体的生态道德渗透，让生态道德要求转化为人类的生态道德行为的实践活动。生态道德教育是一种生态教育行为，倡导一种全新的道德观念。它指的是教育主体立足于人和自然相互依存、和谐共生的生态道德观念，指引教育客体为了人类的长远利益和更好地利用自然、享受生活，自觉形成保护自然与生态体系的生态道德理念、思想意识与相应的行动习惯。它要求教育对象从思想上形成一种全新的人生观、发展观与自然观，在实践中做到科学协调人和自然的关系，积极限制人对自然过度利用的行为。

综上可知，生态教育侧重于一种中性的生态科学知识传授；生态文明教育更突出明确的价值导向；生态文明观教育聚焦于观点、看法，主观性较强；生态道德教育强调生态领域的道德教化，是生态文明教育重要内容之一。以上提法虽然各有侧重，但其教育宗旨和目的是相同的，都是力求通过各种教育方式提高社会成员的生态文明知识水平，使其树立正确的生态文明理念、培养良好的生态文明道德，进而提高其整体生态文明素质。整体而言，“生态文明教育”这一提法内涵丰富、导向明确，作为一个在理论与实践中广泛应用的概念更为全面、科学。

第三节　生态文明教育外延及核心

生态文明教育是国家根据人的心理发展规律和社会发展要求，通过家庭教育、学校教育和社会教育等方式，向全体社会成员传授生态文明知识，灌输生态文明理念，以使其树立科学生态观，养成生态文明行为习惯，进而成长为生态公民的各种社会实践活动。广义的生态文明教育是指国家对全体公民开展的全部有关生态环境教育的活动；狭义的生态文明教育是指关于生态文明的教育学科，也可以是学校开设的相关课程或专题讲座。

生态文明教育的外延十分广泛，从教育的内容方面来看，它贯穿于德育、智育、体育、美育和生产劳动教育之中；从教育的构成要素来看，它体现于教育目标、教育方法、教育内容等方面；从教育的途径来看，它主要通过社会教育、家庭教育和学校教育等方式落实；从教育的载体与形式来看，网络媒体、生态文明主题活动、生态文明教育基地，生态旅游资源、生态环保文艺作品和相关学术论坛等都对社会成员具有积极的教育作用。

生态文明教育的核心主体是国家，客体是全体社会成员。需要指出的是，生态文明教育者首先也是这一教育的对象。具体来说，生态文明教育的主体有教育部门、学校、企事业单位、相关非政府组织、专兼职教师等；教育客体，严格来说是全部社会成员（主要是我国公民），其重点对象是政府领导干部、企业经营管理者和学生群体。鉴于学生群体是国家未来的主要建设者和接班人，他们的生态素质与行为表现直接关系到国家的繁荣与民族的复兴。因此，本书从青少年生态文明教育入手，深入探讨相关的具体方法和研究案例。

第三章 生态文明教育课程设计理念

第一节 生态文明教育课程目标

一、课程设计愿景——全面推进美丽中国建设

中国的生态文明建设根植于悠久的中华文明之中，强调人与自然的和谐共生。这种理念已经深入人心，并通过各种形式的活动得到广泛传播和实践。四千年前的夏朝，就规定春天不准砍伐树木，夏天不准捕鱼，不准捕杀幼兽和获取鸟蛋；三千年前的周朝，根据气候节令，严格规定了打猎、捕鸟、捕鱼、砍伐树木、烧荒的时间；两千年前的秦朝，禁止春天采集刚刚发芽的植物，禁止捕捉幼小的野兽，禁止毒杀鱼鳖。可以见得，中国今天的生态文明教育，也是对中国传统文化中人与自然和谐精神的继承与发展。同时，随着现代民众环保意识的不断提高，越来越多的人开始关注并参与到环保行动中，形成了全社会共同参与生态文明建设的良好氛围。

我国重视生态文明教育，以生态教育资源优势为依托，经过多年探索与实践，以生态教育为核心理念定位，基于各市区的生态环境质量，开展各学校生态文明实践活动与课程的开展，推动区域青少年生态文明教育系统化构建与高质量实施，从而整体推进我国青少年的生态文明教育，以期达到“全面推进美丽中国建设”的美好愿景（图 3-1）。

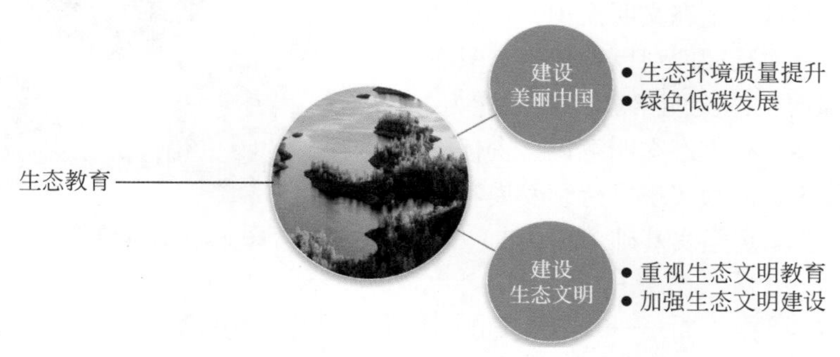

图 3-1 生态文明教育的系统化构建与高质量实施

二、教师培养目标——培养具有生态文明意识、可持续发展的教师

“绿色”所追求的是一种自然的、本源的状态，绿色代表着生态、环保、人文、健

康、可持续，也代表着平安、活力与希望。因此，以绿色作为生态文明教育的底色是十分适合的。在教师培养的过程中，强调生态文明意识的培养，旨在塑造一批具有深厚生态情怀、广泛生态知识、强烈生态责任感和积极生态实践能力的“阳光教师”。这些教师不仅是知识的传递者，更是生态文明理念的传播者和实践者，他们用爱心和阳光般的热情照亮学生内心的世界，引导他们走向绿色、和谐的未来。具体而言，培养具有生态文明意识、可持续发展的教师应包含以下几个方面的目标。

（1）生态文明理念的树立：教师应深刻理解生态文明的重要性，将生态文明理念融入日常教学和生活中，成为推动生态文明建设的重要力量。他们应当具备环保意识、节约意识、绿色消费意识等，成为学生的榜样和引路人。

（2）生态知识的丰富：教师应具备丰富的生态知识，包括生态学、环境科学、可持续发展等方面的内容。他们应当能够将这些知识融入课程教学中，引导学生关注生态环境问题，培养学生的生态素养。

（3）生态实践能力的提升：教师应积极参与生态实践活动，如环保志愿服务、野外考察等，通过亲身体验和实际操作，提升自己的生态实践能力。同时，他们还应鼓励学生参与生态实践活动，让其在实践中感受生态之美，培养生态情感。

（4）爱心与责任感的强化：教师应具备强烈的爱心和责任感，关心学生的成长和发展，关注学生的身心健康。他们应当用爱心和耐心去引导学生，用阳光般的热情去感染学生，让学生在关爱中茁壮成长。同时，他们还应关注学生的生态行为，引导学生养成良好的生态习惯，培养他们的生态责任感。

（5）创新能力的培养：教师应具备创新能力，不断探索新的教学方法和手段，以适应生态文明教育的发展需求。他们应当关注学生的创新思维和创新能力的培养，鼓励学生提出新的想法和解决方案，为生态文明建设贡献智慧和力量。

总之，培养具有生态文明意识，可持续发展的教师是一项长期而艰巨的任务。只有不断提升教师的生态文明素养和实践能力，才能培养出更多具有生态文明意识、责任感和创新能力的学生，为实现可持续发展和构建生态文明社会奠定坚实基础（图 3-2）。

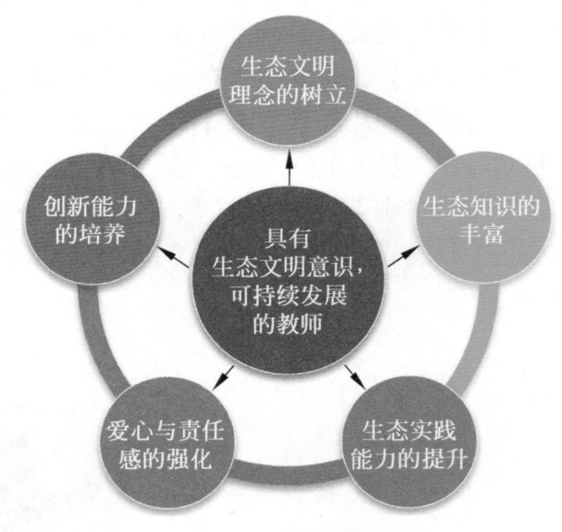

图 3-2　教师培养目标结构

三、学生培养目标——培养美丽中国的小小建设者

在教育实践中，学生的培养目标是至关重要的，尤其是当我们谈及培养未来社会的公民时。为了响应国家对生态文明建设的号召，我们将学生培养目标设定为“培养美丽中国的小小建设者”。这一目标的提出，旨在引导学生从小树立正确的生态观念，培养他们的环保意识和社会责任感，使他们成为未来能够积极参与生态文明建设、共同守护美

丽中国的有力力量。具体而言，培养美丽中国的小小建设者应包含以下五个方面的目标。

（1）生态意识的培养：通过课堂教学、实践活动等多种形式，引导学生了解生态环境的重要性，认识人类活动对生态环境的影响，从而树立起尊重自然、保护环境的生态意识。

（2）环保知识的普及：加强环保知识的教育，使学生掌握基本的环保知识和技能，了解垃圾分类、节能减排、生态保护等方面的知识，为他们的环保行动提供理论支持。

（3）环保行为的养成：鼓励学生从自身做起、从日常生活中的小事做起，养成节约用水、用电、减少浪费等环保习惯。同时，积极组织学生参与各类环保志愿服务和实践活动，让学生在实践中感受环保的意义和价值。

（4）社会责任感的强化：引导学生认识到自己作为社会公民的责任和义务，积极参与社会公益事业，关注社会热点问题，为构建和谐社会贡献自己的力量。在生态文明建设中，鼓励学生积极参与，成为美丽中国的有力建设者。

（5）创新能力的激发：培养学生的创新意识和创新能力，鼓励他们提出新的环保理念和方法，为解决生态环境问题提供新的思路和方案。同时，为学生提供展示自己创新成果的平台和机会，激发他们的创造力和创新精神。

总之，培养美丽中国的小小建设者是一项长期而艰巨的任务。我们需要从多个方面入手，加强学生生态意识的培养、环保知识的普及、环保行为的养成、社会责任感的树立和创新能力的激发。只有这样，我们才能培养出更多具有环保意识、社会责任感和创新能力的优秀学生，为美丽中国的建设贡献自己的力量（图 3-3）。

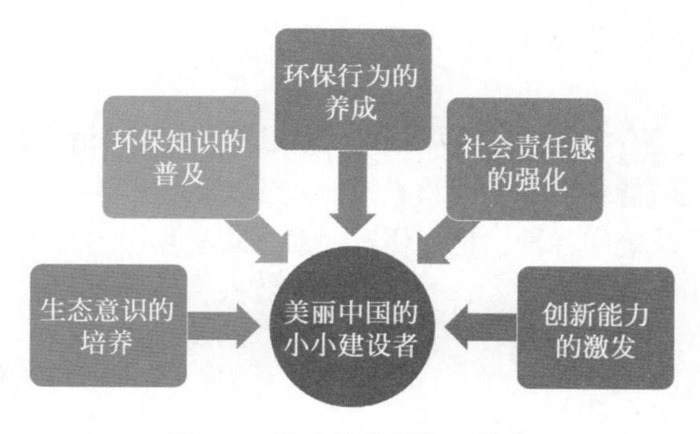

图 3-3　学生培养目标结构图

第二节　生态文明教育课程设计

一、课程设计总理念

生态文明教育课程以生态化教育为核心，致力于培养学生生态文明观念，推进美丽中国建设。课程设计培养学生人文品质、科学素养、艺术气度、生态文明以及道德修养，如图 3-4 所示。

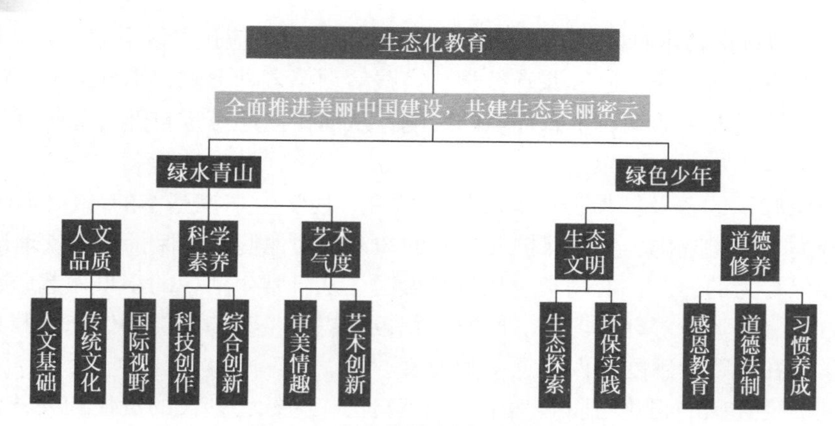

图 3-4 生态化教育课程结构总图

二、人文品质课程设计理念

人文品质课程以人文素养培养为核心，并将生态文明观念有机地结合于其中。课程贯穿于整体课程体系之中，通过前往密云特色企业或景区，使学生充分感受密云区特色的人文文化；通过特色实践活动，将传统文化与地区特色生态景观结合，充分了解生态文明与传统文化之间的关系，并为学生介绍国际上对环境教育的一些看法，拓宽学生的视野，如图 3-5 所示。

三、科学素养课程设计理念

科学素养课程以生态学实验方法为核心，旨在通过一系列精心设计的实践活动全面提高学生的科学素养和实践能力。我们着重教授学生基本的生态学实验基础方法，包括观察、记录、分析和解释生态系统中各种生物与环境因素之间相互作用的过程，如图 3-6 所示。

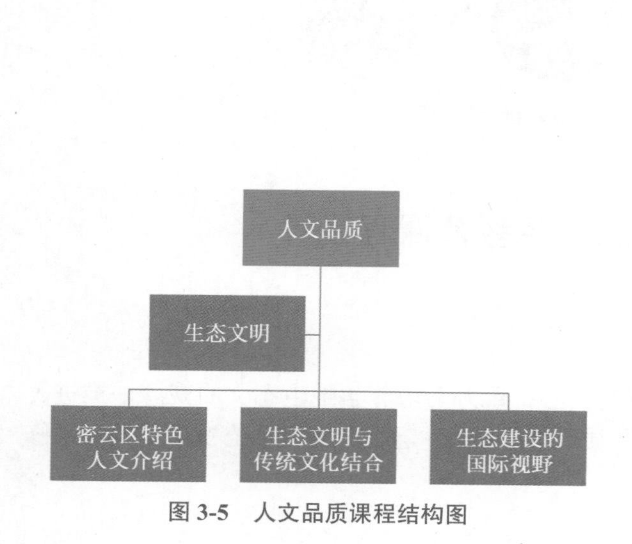

图 3-5 人文品质课程结构图

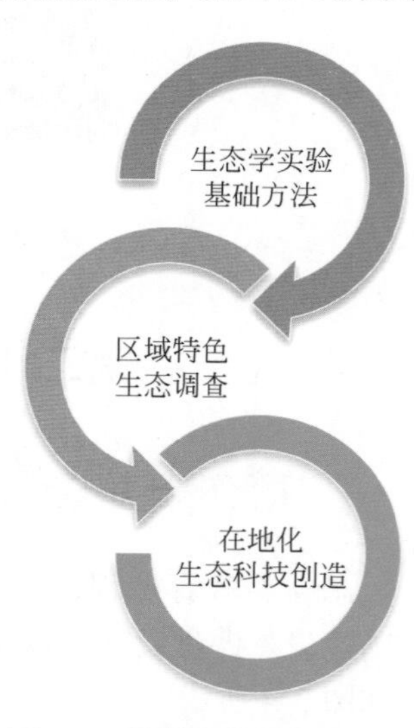

图 3-6 科学素养课程结构图

四、艺术气度课程设计理念

艺术气度课程以“生态资源之美的发现”为起点，通过引导学生观察、体验并发现自然生态资源的独特美，培养学生的审美情趣和环保意识。课程不仅注重学生对自然生态的感性认知，更强调将这种认知转化为对生态文明建设的实际行动。

通过引导学生将传统艺术形式如绘画、书法、雕刻等与生态资源相结合，创作出具有生态主题的艺术作品，让学生在艺术创作中体验生态之美，感悟生态之韵。这一环节旨在培养学生的创新思维和艺术表现能力，同时加深对生态文化的理解和尊重。

通过一系列实践活动和项目任务，让学生将所学的生态知识和艺术技能应用到实际生活中，为美丽中国建设贡献自己的力量。这些实践活动包括参与校园绿化、环保宣传、生态调查等，旨在让学生在实践中提升生态文明素养，树立绿色发展的理念。

由上可见，本课程以生态资源为纽带，以艺术为手段，通过进阶式的教学设计，让学生在欣赏生态之美的同时，学习生态知识，掌握艺术技能，培养创新思维和实践能力，成为具有生态文明素养和艺术气度的美丽中国建设者，如图 3-7 所示。

图 3-7 艺术气度课程结构图

五、生态文明课程设计目标

生态文明教育课程旨在为学生们提供一个全面且深入的生态学知识体系，同时结合实践活动，培养他们正确的生态文明观念。该课程以生态学基础知识为核心，系统介绍了生态系统的结构、功能、演替过程以及人类活动对生态环境的影响等关键内容。通过理论学习与案例分析，学生们能够深刻理解生态平衡的重要性，以及维护生态平衡对于人类生存与发展的必要性。

该课程不仅为学生们提供了丰富的生态学知识，还通过实践活动培养他们的环保意识和行动能力。这门课程对于培养具有正确生态文明观的青少年具有重要意义，将为他们的未来发展奠定坚实的基础，如图 3-8 所示。

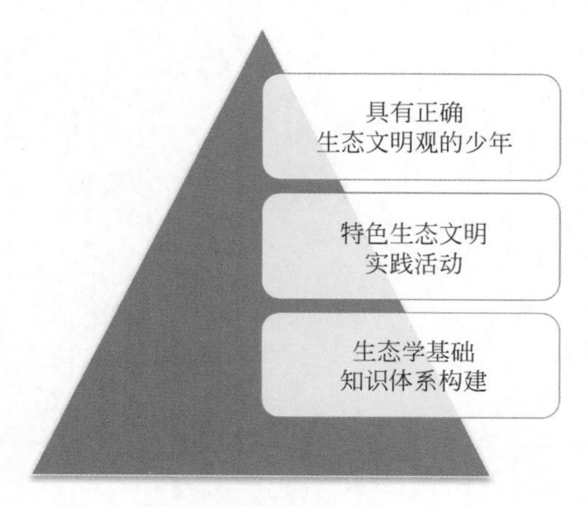

图 3-8 生态文明课程设计目标

六、道德修养课程设计目标

生态文明教育课程在道德修养方面着重强调培养青少年对生态文明制度及相关法律的认知、感恩自然的态度、对自然的深入认识、保护生态的责任感以及树立其正确的生态文明观，如图 3-9 所示。

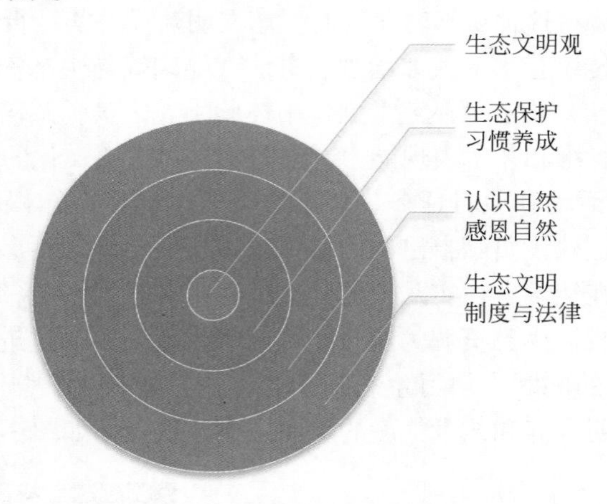

图 3-9　道德修养课程设计目标

第四章　创新人才培养

第一节　创新人才培养背景

一、社会背景

在21世纪的今天，科技发展十分迅猛，信息化和人工智能的浪潮席卷全球，深刻影响着我们的日常生活。与此同时，国际的竞争也日趋激烈，创新型人才在这场竞争中扮演着举足轻重的角色，成为衡量一个国家综合国力的重要标准。在这样一个日新月异的时代，仅仅掌握基本的知识和技能已经远远不能满足社会发展的需求。因此，培养创新型专业人才、发挥各行各业精英的引领作用，成了国家进步和发展的基本需求。这不仅是提升国家综合竞争力的关键，也是在国际舞台上取得成功的必然选择。创新人才的培养，关乎着国家和民族的未来，是教育领域必须面对和解答的时代命题。

目前，全球各国都已经认识到了创新型人才的战略价值，纷纷将培养创新人才作为教育改革的重要方向。例如，美国高度重视学生的创造力，将学习和技能的创新视为21世纪学习框架的核心，旨在培养出具有创新精神和实践能力的新一代人才。俄罗斯则着眼于长远发展，通过构建完善的人才保障机制，确保高校能够识别和培养出“天才学生”，为国家的科研质量和创新实力打下坚实的基础。

欧盟一直重视“欧洲创造”的口号，重视民众的想象力和创造力，将创新视为未来发展的突破口。而经济合作与发展组织、联合国教科文组织等国际组织也纷纷表示对创新能力的重视和支持，将其纳入核心素养框架之中。

在我国，《国家中长期教育改革和发展规划纲要（2010—2020）》指出教育改革的重点在培养学生的创新能力和实践能力[①]。这一方针不仅为学生的创新精神和创造能力提出了更高的要求，也为基础教育改革实践指明了方向。我们期待在未来的日子里，能够涌现出更多具有创新精神和实践能力的创新人才，为国家的繁荣和发展贡献自己的力量。

二、政策背景

在中国共产党的历次全国代表大会上，均提到创新人才的培养，具体内容如图4-1所示。由此可见，我国目前对于创新人才培养十分重视。

---

① 胡瑞文.《国家中长期教育改革和发展规划纲要（2010—2020）》主要精神解读与热点、难点探析[J].中国高等教育评估，2010（2）：3-10.

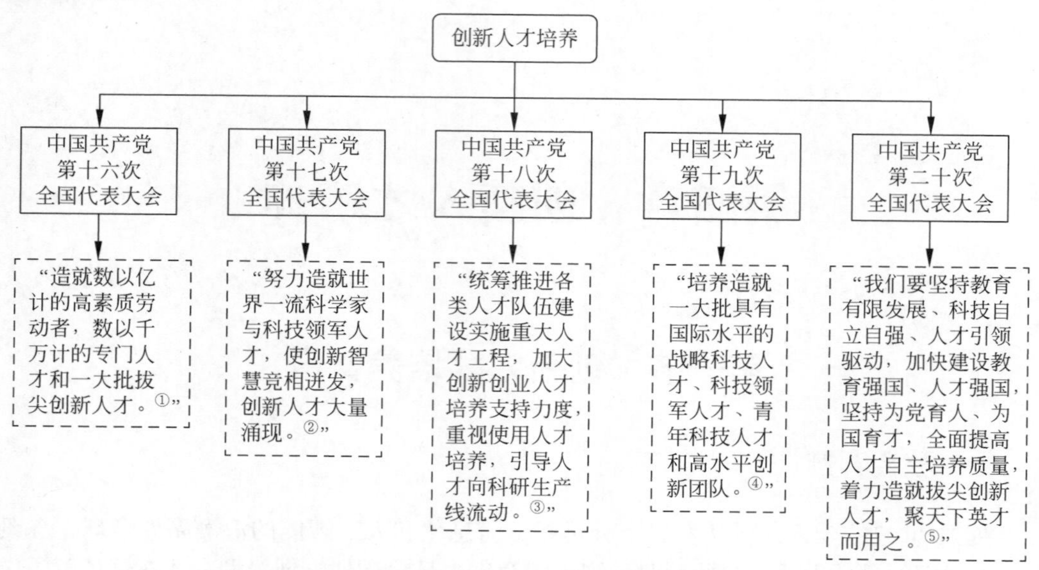

图 4-1　中国共产党对创新人才相关政策的阐述

三、理论背景

创新人才无疑是那些站在时代前沿、引领科技潮流的杰出代表。他们引人注目的特征之一便是其深厚的科学素养。而在这份素养中，科学品质作为其核心组成部分，对于人才的成长与发展起着至关重要的作用。

然而，当我们深入探索科学品质的内涵时，会发现学界对此并未给出明确、统一的定义。尽管如此，不少学者都试图从不同的角度对其进行阐述。其中，高凌飚的观点颇具启发性，他提出：“科学品质，可以看作是人在进行与科学相关的认知与实践活动中，所展现出来的那种独特的品性和本质。”这样的定义，不仅揭示了科学品质与科学活动之间的紧密联系，还为我们理解其内涵提供了新的视角。

关于科学品质的构成维度，学界始终存在不同的声音。尽管尚未形成一致的看法，但我们可以从各位学者的论述中提炼出一些共性的元素。一般而言，科学品质被认为是由科学兴趣、科学动机、科学态度、科学精神和科学道德等多个方面共同构成的，具体如下。

科学兴趣是驱动人们探索未知世界的内在动力。它让人们对科学充满好奇，愿意投

① 江泽民 . 全面建设小康社会，开创中国特色社会主义事业新局面（一）[N]. 人民日报，2002-11-18.

② 胡锦涛 . 高举中国特色社会主义伟大旗帜　为夺取全面建设小康社会新胜利而奋斗 [N]. 人民日报，2007-10-25（1）.

③ 胡锦涛 . 坚定不移沿着中国特色社会主义道路前进　为全面建成小康社会而奋斗 [N]. 人民日报，2012-11-18（1）.

④ 习近平 . 决胜全面建成小康社会　夺取新时代中国特色社会主义伟大胜利 [N]. 人民日报，2017-10-28（1）.

⑤ 习近平 . 高举中国特色社会主义伟大旗帜　为全面建设社会主义现代化国家而团结奋斗 [N]. 人民日报，2022-10-26（1）.

入时间和精力去研究、去实践；科学动机则是指人们追求科学知识的目的和意愿。它可能是出于对知识的渴望，也可能是为了解决实际问题；科学态度是人们在面对科学问题时所持有的心态。它要求人们保持客观、严谨的态度，对科学结果保持开放和尊重；科学精神则是科学品质的核心。它包括对真理的追求、对创新的鼓励、对合作的重视以及对批判性思维的运用。这种精神让科学家们敢于挑战权威、勇于探索未知，并在实践中不断创新、不断超越；科学道德则是科学家在从事科学活动时应遵循的道德规范，它要求科学家在追求科学真理的同时，保持诚实、公正和尊重他人的权益。

因此，为了培养更多具有创新能力的中小学生，我们需要进一步明确科学品质的内涵以及各维度的构成。在此基础上，构建一套基于创新人才培养的中小学生科学品质评价指标体系，将有助于学生更好地理解和掌握科学品质的内涵，进而在实践中不断提升自己的科学素养和创新能力。

第二节　创新人才培养内涵

"拔尖创新人才"这一整体性概念，首次在党的十六大报告中崭露头角，成为国家发展战略中的一颗璀璨明星。当时，江泽民同志在报告中明确指出："坚持教育创新，深化教育改革，优化教育结构，合理配置教育资源，提高教育质量和管理水平，全面推进素质教育，造就数以亿计的高素质劳动者、数以千计的专门人才和一大批拔尖人才。"这一号召不仅标志着"拔尖创新人才"这一名词从政策层面走进了公众视野，更促使它逐渐从政策话语转变为学术研究的热点话题。

"拔尖创新人才"首先是"创新人才"。针对"创新人才"的内涵，当前学术界已经进行了深入的探讨和研究，主要形成了两种不同但互补的界定方式。

从知识创造力的角度来看，创新人才被描述为具备雄厚专业基础的高层次人才。这类人才不仅精通本专业的知识体系，同时注重知识的传递和储存，确保知识的延续性和稳定性。然而，他们并不满足于仅仅停留在知识的积累上，而是更加重视知识的重构能力和发展创造能力。他们擅长从多个角度审视问题，能够将不同领域的知识进行融合和创新，提出新的观点和解决方案。这种对知识的深刻理解和灵活运用，使得他们在各自的领域中具有显著的优势和影响力。

从应用生产的角度来看，创新人才则更侧重于创造力的培养和实践应用。他们不仅具备深厚的专业背景，更能够将理论知识转化为实际生产力，推动技术创新和应用研究的发展。这类人才往往活跃在高新技术产业、科研机构和大学等前沿领域，通过不断地实验、探索和尝试，推动新技术、新产品和新工艺的诞生。他们的贡献不仅在于学术上的突破，更在于对经济社会发展的推动和引领。

以上可见，无论是从知识创造力角度还是从应用生产角度来看，创新人才都是各个领域内具有创新精神、创新意识、创新思维、创新能力、创新人格的优秀人才。他们既可以是通才，具备广泛的知识面和跨学科的能力；也可以是专才，在某一特定领域内拥有深厚的造诣。他们既可以是复合型人才，能够在多个领域之间灵活切换；也可以是学术型人才或是应用型人才，专注于某一领域的深入研究和实际应用。

培养创新人才对于国家的发展具有重大意义。这些人才是国家科技创新和产业升级的重要支撑力量，能够为国家的科技进步和经济发展作出重要贡献。他们可以成为各行业的领军人物，引领行业发展的方向；也可以成为科技创新的推动者，不断推动新技术、新产品的诞生和应用。他们的存在和贡献，不仅能够提高国家的综合国力和国际竞争力，更能够为人类社会的进步和发展作出巨大贡献。

创新人才是当代社会所渴求的珍稀资源。这类人才不仅深具创新思维和专业知识储备，还展现了非凡的独立思考能力和全面发展的综合素养。他们具备一种内在的不懈追求，对于自己的事业有着坚定的信念和深厚的热情，这种强烈的事业心驱动着他们不断超越自我，追求卓越。

创新人才拥有强烈的创新精神。他们不满足于现状，勇于挑战传统，善于从多角度、多层次思考问题，从而提出新颖、独特的解决方案。这种创新精神使得他们在各自的领域中能够独树一帜，引领潮流；创新人才具备扎实的专业素养。在深入掌握专业知识的同时，他们还不断拓宽视野，关注行业前沿动态，使得自己能够紧跟时代步伐，不断适应和引领行业发展；创新人才拥有相对完备的独立人格。他们具备独立思考、自主决策的能力，不盲从、不随波逐流。同时，他们还拥有健康的心理状态和坚韧的意志品质，能够在困难和挫折面前保持冷静、坚定，勇往直前；创新人才具有强烈的社会责任感。他们深知自己的才华和能力来自社会，因此始终将回报社会、造福人类作为自己的使命。他们积极投身公益事业，关注社会问题，用自己的知识和能力为社会作出突出贡献。

综上所述，“创新人才”是具备创新精神、专业素养、独立人格和社会责任感的特殊人才。他们在各自的领域中发挥着带头引领作用，为社会的发展作出了巨大贡献。创新人才培养体系如图 4-2 所示。

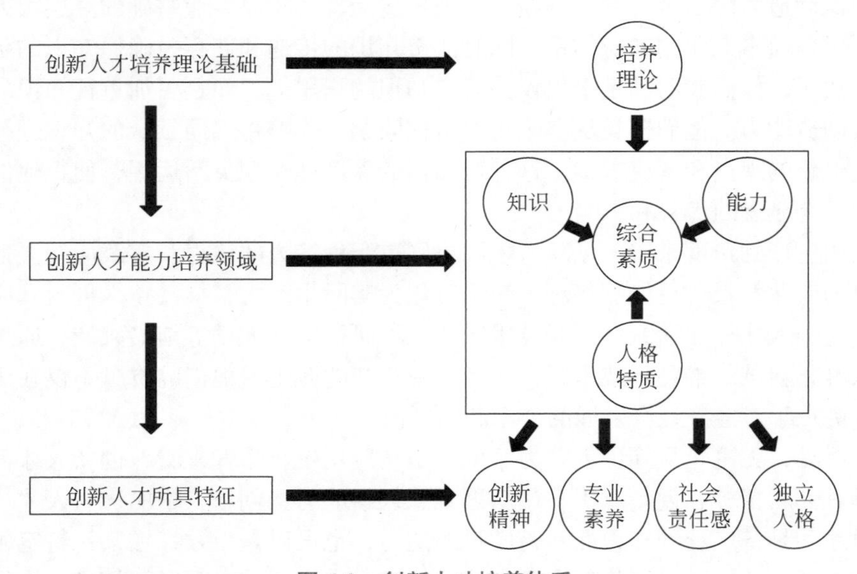

图 4-2　创新人才培养体系

在知识层面，创新人才展现了对专业知识的精湛掌握以及卓越的问题解决能力。正如华中科技大学博士生导师张建林所言，他们在科学、技术、管理等众多领域中脱颖而出，以卓越的知识获取和应用能力证明了他们的出类拔萃。

在能力层面，创新意识是创新人才不可或缺的核心能力。他们凭借深厚的知识储备和敏锐的观察力，能够根据社会需求主动创造、自主思考，不断为社会发展提供新思路、新方法和新理论，通过创新彰显个人及社会价值。

在人格特质层面，独立人格的重要性不言而喻。创新人才在实践过程中展现出的批判性思维和旺盛的求知欲，是他们完成创新活动的前提；敢于质疑、勇于探索的独立个性，是他们创新思维的源泉。

在综合素质层面，创新人才作为社会的高知人才，良好的道德修养是不可或缺的。他们不仅要具备高度的社会责任感和强烈的事业心，还应以一丝不苟、严密谨慎、客观细致、实事求是、求真务实的态度待人接物，具备奉献精神，以更好地服务社会。

第三节　创新人才培养现状

一、创新人才培养早期探索

我国对于创新人才的早期培养实践拥有深厚的历史底蕴，其脉络可追溯到清朝末年的“幼童留学教育计划”。随后，在中华人民共和国成立之初，青少年宫应运而生，专注于少年儿童特长与才能的发掘与培养。改革开放后，这一进程进一步加速，中国科学技术大学创立的“少年班”以及优质中学推出的“超常教育实验班”等，均为培养人才提供了独特的平台。进入21世纪，各省市纷纷展开积极探索，如“翱翔计划”和“雏鹰计划”等，与此同时，非政府主导的大中学合作模式也为这一领域注入了新的活力。这些丰富的实践已经为我们积累了宝贵的经验，值得深入研究和总结。通过梳理相关政策文本、新闻报道以及优质中学的招生简章等资料，并结合培养对象学段的差异，我们可以将当前我国创新人才的早期培养实践概括为以下四种类型，如图4-3所示。

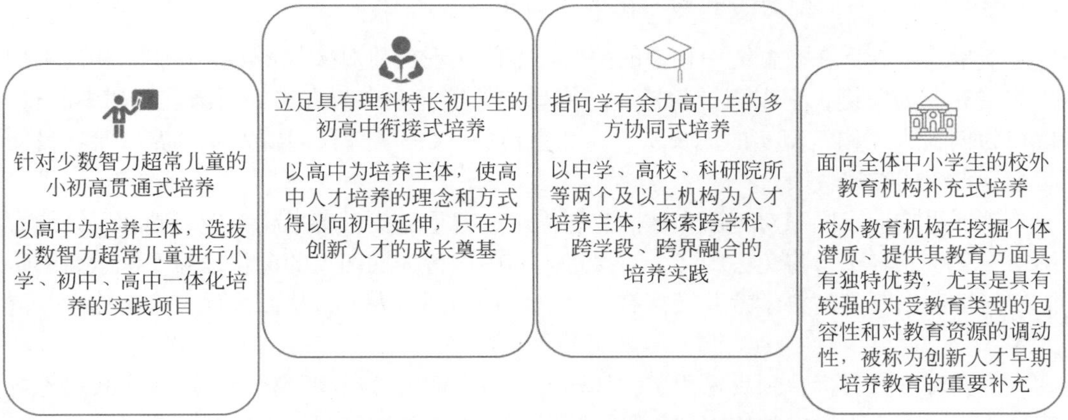

针对少数智力超常儿童的小初高贯通式培养

以高中为培养主体，选拔少数智力超常儿童进行小学、初中、高中一体化培养的实践项目

立足具有理科特长初中生的初高中衔接式培养

以高中为培养主体，使高中人才培养的理念和方式得以向初中延伸，只在为创新人才的成长奠基

指向学有余力高中生的多方协同式培养

以中学、高校、科研院所等两个及以上机构为人才培养主体，探索跨学科、跨学段、跨界融合的培养实践

面向全体中小学生的校外教育机构补充式培养

校外教育机构在挖掘个体潜质、提供其教育方面具有独特优势，尤其是具有较强的对受教育类型的包容性和对教育资源的调动性，被称为创新人才早期培养教育的重要补充

图4-3　我国创新人才早期培养实践

（一）针对少数智力超常儿童的小初高贯通式培养

相较于传统的分段式培养，贯通式培养更为强调通过整合不同学段的教育内容，依据受教育者的身心发展规律，为特定群体提供连续、无间断的整体性教育，以此确保教育的深度与连贯性。特别是在针对少数智力超常儿童的小初高贯通式培养中，这一模式更是得到了充分的体现。这一实践项目以高中为主体，选拔出具有超常智力的学生，为他们提供小学、初中、高中一体化培养的机会。其中的佼佼者，如"超常教育实验"和"丘成桐少年班"，已成为这一领域的典范。

在培养对象的选择上，该项目基于一个假设：即在人群中，有一部分儿童，他们的智力水平远超同龄人，不仅在认知上展现出卓越的能力，对复杂概念的快速掌握以及高水平抽象思维的能力，更在行为上展现出超快的学习速度。这些智力超常的儿童，正是这一培养项目的目标群体。

在培养目标的设定上，该项目并不满足于应试技能的培养，而是更加侧重于卓越创新精神和创新能力的培养，旨在为这些超常儿童未来的"大创新"奠定坚实的基础。基于这一目标，贯通式培养形成了"加速型"和"充实型"两种独特的模式。

"加速型"模式主要采取缩短学制、整合教材内容、加快学习进度和深度、提前升学等方式，以高效的方式培养人才。例如，北京市第八中学和中国人民大学附属中学的超常教育实验项目便是这一模式的杰出代表。而"充实型"模式则在不改变学年设置的前提下，为学生提供丰富的"充实型"项目，如选修课程、竞赛、课题研究等，以拓宽学生的知识面和深度。例如，北京育才学校的"超常班"和国内 18 所优质中学的"丘成桐少年班"等便是这一模式的成功实践。

经过多年的探索与实践，这一培养模式已经基本形成了针对超常儿童的选拔模式和培养机制，并取得了显著的成效。天津耀华中学的调查结果便是一个有力的证明：其实验班的学生在 20 年的时间内，接近 100% 的学生被重点大学录取，并有超过 70% 的学生在国内外攻读硕士或博士学位。然而，由于教育公平、义务教育均衡发展等因素的制约，这种培养模式的办学和招生规模正面临着缩小的挑战。

（二）立足具有理科特长初中生的初高中衔接式培养

衔接式培养旨在教育链中相邻的两个环节间实现提前对接与培养。其中，初高中衔接式培养尤为关键，它以高中为核心，将高中的培养理念与方法提前渗透至初中阶段，旨在为创新人才构筑坚实的成长基石。北京市的"1+3"理科创新人才培养试验项目便是这一理念的杰出代表。

该项目响应了国家对创新人才的迫切需求，着重选拔具备卓越数理基础和思维能力的初二学生。入选者将免去中考，直接进入高中进行为期四年的深化培养，探索高中阶段如何培养出既具高科学素养又富有科学家精神的创新人才，从而为顶尖大学输送一流人才。

为实现这一目标，项目采用了"加速型"与"能力分组型"相结合的衔接式培养方式，并进行了三阶段的整体规划。第一阶段，学生将加速学习初高中统整课程，为后续的深入学习打下坚实基础；第二阶段，教师根据学生的学业水平实行分层走班授课，鼓励学生在广泛涉猎的基础上，立足个人兴趣与特长，选择特色发展类课程（如自主招生课程、竞赛课程和大学选修课程），以实现个性化成长；第三阶段，学生在突出个性特长发展的同时，将在教师的规范指导下进行升学备考，确保学业与特长的双重发展。

这一初高中衔接式培养实践成效显著，不仅打破了学段之间的壁垒，丰富了普通高中的人才培养模式，还为学生减少了中考的重复训练时间，使他们有更多精力投入特色课程学习和发展个性特长上。北京市大兴区第一中学的相关调查显示，2021 年首届“1+3”项目班参加高考的 78 名学生平均分高达 592 分，充分证明了这一培养模式的成效。

（三）指向学有余力高中生的多方协同式培养

多方协同式培养，汇聚了中学、高校、科研院所等多个机构的力量，共同探索跨学段、跨学科、跨界融合的创新培养路径。这一模式涵盖了科教融合模式和大中学协同模式两大核心策略。

在政府的有力主导下，科教融合模式以高中为人才培养的基石，高校和科研院所则成为教学与科研深度融合的阵地。此模式旨在精心选拔一批学业优异、富有创新精神的优秀高中生，为“基础学科学生培养试验计划”和“英才计划”输送源源不断的后备力量。在培养策略上，采取“充实型”协同式项目，高效培养人才，并在不同层级的政府主导下，呈现出多样化的推进路径。国家级层面，政府联合科研院所设立项目计划，选拔优秀高中生进入一流高校深造，如中国科学技术协会与教育部共同推出的“英才计划”，选拔具有创新潜质的学子，进行为期一年的科研实践，为“强基计划”夯实基础。省市级层面，则通过设立项目计划，如北京市教委的“翱翔计划”和重庆市教委的“雏鹰计划”，采取“两校学习、双师指导”的方式，探索科教融合新路径，为青少年科技创新人才的培养提供广阔舞台。科教融合模式通过政府和科研院所的统筹协调，成功培养出大批青少年科技创新人才。以北京市“翱翔计划”为例，截至 2021 年，该计划已拥有 43 所高校实践基地，开放 160 余个高校实验室，近 300 位高校专家深度参与，培养了 2000 多名“翱翔学员”，形成了一套多主体协同选拔培养科技创新人才幼苗的高效模式。

大中学协同模式则以高中和高校为主体，该模式秉持互惠互利的原则，通过资源共享，实现创新人才早期培养、推动科技创新等目标。这一模式的典型代表包括高校少年班和大学－中学特色班（院）或培养基地。高校少年班，如清华大学丘成桐数学领军班和北京大学数学英才班，通过高校与试点高中的联合选拔，针对极少数学业优秀、基础学科特长突出的学生进行单独编班培养，旨在培育未来能够跻身世界一流科学研究和创新发明领域的卓越人才。在培养方式上，这些项目采取“加速型”培养策略，构建基础教育与高等教育无缝衔接的人才培养体系，如西安交通大学少年班的“2（预科）+4（本科）+2（硕士）”贯通培养方案。大学－中学特色班（院）或培养基地，则是由部分高校试点实施的“创新人才培养试验”和“珠峰计划”推动下的成果。这些项目通常由高校成立专门学院或开放重点实验室，与优质高中建立特色班（院）或基地，选拔具有创新潜质的高中生进入特色班，通过课程共建、师资双向流动、科研资源共享流通、自主招生指标到校等方式，实现大中学协同培养早期创新人才的目标。这种大中学共建、共育的方式，不仅促进了基础教育与高等教育的有效衔接，还在课程建设、科教合作、教学方式变革、师资培养等方面进行了积极探索，以满足强国战略对创新人才早期培养的需求。

（四）面向全体中小学生的校外教育机构补充式培养

校外教育机构在挖掘和发挥个体潜能、提供定制化教育方面独具优势，其对受教育者的包容性和灵活的教育资源调配能力，使之成为创新人才早期培养不可或缺的教育力量。在我国，校外教育机构主要面向广大中小学生，依托校外青少年宫系统和校外培训机构系统，致力于人才培养的多元化发展。

校外青少年宫系统，包括青少年宫、青少年活动中心、科技站等公共属性的教育机构，历史上为我国培育了众多杰出人才的幼苗。调查显示，如今许多社会各界的佼佼者都曾参与过青少年宫和科技站的活动。例如，北京市少年宫孕育了乒乓球世界冠军和国家队教练；上海市青少年科技业余学校的学生在各项数学竞赛中屡获佳绩。进入 21 世纪，这一系统继续强化其专业性，如中国科学技术协会青少年科技中心通过举办赛事和夏令营，为科技领域的早期人才提供成长平台；北京市少年宫则通过开设艺术、科技、体育等兴趣小组，为具有特殊才能的学生提供个性化培养。

校外培训机构系统充分考虑到每个早期创新人才的独特性，致力于为他们提供与个体成长需求相契合的教育方案。其中，“能力分组型”策略是其为不同学生提供适性教育的重要手段。兴趣班针对有艺术、体育、科技等兴趣特长的学生，提供专业化师资和训练，帮助他们深入发展个人兴趣。依据管理学上的“一万小时定律”，校外培训机构为学生提供了学校难以实现的长时间专业训练，是发展学生兴趣特长的重要阵地。

综上所述，校外教育的创新人才早期培养体系，以其独特的差异化教育特征，为学校教育提供了有力补充，为我国各领域早期创新人才的培养作出了重要贡献。

二、创新人才早期培养的多维探索

我国创新人才早期培养已形成从基础教育到高等教育、校内校外协同发展的培养体系，呈现出路径多元化、成效显著化的良好态势。但在持续深化过程中，仍存在需要优化提升的关键环节。具体如图 4-4 所示。

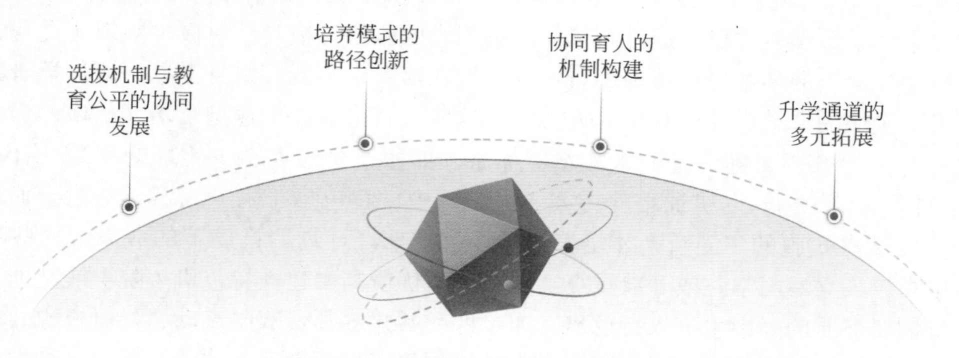

图 4-4　我国创新人才早期培养实践现状

（一）选拔机制与教育公平的协同发展

创新人才培养需兼顾精准选拔与普惠发展双重目标。通过科学评估学生创新潜能，既能实现教育资源的高效配置，又能为国家战略发展输送优质人才储备。我国在“超常儿童实验班”“创新人才衔接班”等实践中积累了丰富经验，但在机制完善层面仍需持续优化。

当前选拔体系虽已形成以智力测评与学业表现为基准的评估框架，但如何突破单一维度评价，构建多维度、动态化的人才识别模型，成为值得关注的议题。特别是对具有特殊才能或跨学科潜质的青少年群体，需要探索更具包容性的评估工具。

基础教育阶段需平衡好专项培养与普惠发展的关系。在重点保障创新人才培养质量的同时，应着力构建资源共享机制，通过优质课程辐射、师资流动等方式，使创新教育成果惠及更广泛学生群体，形成示范引领效应。

（二）培养模式的路径创新

在实践探索中，专项培养与融合培养两种模式各具特色。专项培养通过独立课程体系、专业师资配置和定制化教学方案，为创新人才提供系统性支持。这种模式在清华附中“创新实验班”、北京八中“少年班”等实践中取得显著成效，但也面临可复制性、推广性的挑战。

融合培养模式强调在常规教育中渗透创新教育元素，通过分层教学、项目式学习等方式，在普通班级中培育创新思维。这种模式更符合教育规律和成长规律，但对教师专业素养、学校课程设计能力提出更高要求。上海部分学校推行的“创新素养培育计划”即为此类实践典范。

两种模式并非互斥关系，可结合区域教育实际构建互补机制。例如，北京某示范高中采取“基础课程融合 + 专项课程选修”的双轨模式，既保障全体学生的创新思维培养，又为特长生提供进阶发展平台，形成了可资借鉴的经验。

（三）协同育人的机制构建

当前培养实践中，优质中学与重点高校的深度协同已成显著特征。从人大附中与中科院联合培养项目，到上海中学与复旦大学的“学术兴趣导向”计划，这种贯通式培养打破了学段壁垒，但也面临资源整合与质量保障的双重考验。

在资源统筹方面，需建立动态调节机制，既保障专项培养所需的高端资源投入，又通过课程共享、师资交流等方式促进资源流动。例如，南京外国语学校创建的“创新教育联盟”实现了区域内优质资源的跨校共享。

此外，质量保障体系构建尤为重要，包括建立个性化培养档案、实施过程性评估、完善动态调整机制等。杭州学军中学开发的“创新素养成长云平台”，通过大数据分析实现培养过程的精准监测，为质量提升提供了技术支撑。

（四）升学通道的多元拓展

现行选拔体系在保持教育公平的基础上持续改革创新。新高考改革推行的“两依据一参考”录取模式，以及“强基计划”等特殊类型招生，为创新人才提供了多元发展路径。数据显示，2022 年通过综合评价录取的学生中，科创类竞赛获奖者占比达 37%，较传统统招渠道提升了 21 个百分点。

在实践层面，需要完善创新潜质评估的科学指标体系。清华附中与北京大学联合开发的“创新素养雷达图评估法”，从批判思维、问题解决、跨学科整合等六个维度进行量化评价，为精准选拔提供了新思路。

同时，还需注重制度设计的普惠性，通过专项计划向农村地区、薄弱学校倾斜。例如，中国科协实施的“英才计划”近年来持续扩大县域中学参与比例，2023 年县级中学入选人数较 2018 年增长 156%，有效促进了教育公平。

这些探索表明，通过持续优化培养模式、完善协同机制、创新评价体系，我国创新人才早期培养正朝着更科学、更包容的方向发展。未来需要在实践积累中不断优化制度设计，构建具有中国特色的创新人才培养体系。

第四节 创新人才培养路径

创新人才培养应以培养学生的核心素养为基础，并融合现代化教育理念。遵循不同年龄段学生的身心成长特点，构建贯通小学、初中、高中的培养体系，因材施教，激发学生的好奇心和求知欲，挖掘学生的创新潜力，发现和培养具有学科特长、创新潜质的拔尖学生。在学生培养过程中，也应充分利用在地化资源，鼓励学生发现生活中问题，融合多学科知识，分析问题发生原因，基于现有知识基础，通过创新思维，思考解决问题方法，培养学生的创新能力，同时借由项目式学习培养学生的创新思维、创新能力以及社会责任感。

在创新人才培养中立足区域特色，结合新课标，融入中国学生发展核心素养，整合利用社会资源如引进科研院所、高校资源等，构建创新人才培养体系。依据不同年领年龄段学生的身心成长特点，制定了以下培养目标与策略，如表 4-1 所示。

表 4-1　不同年龄段的培养目标及培养策略

年龄段	年 龄 特 点	培 养 目 标	培 养 策 略
1~3 年级	思维力发展时期，处于具体形象思维阶段，具有强烈的好奇心和学习兴趣	注重培养学生的创新人格，通过创新学习方式的变革，不断激发和保护学生的好奇心，培养学生的创新意识和研究兴趣	宫校联动
4~6 年级	由具体形象思维向抽象逻辑思维过渡转换的关键期，具有一定的抽象思维能力	通过实践，培养学生的创新思维及科学研究基本方法，呵护学生个性发展	
7~9 年级	由经验型抽象逻辑思维向理论型抽象逻辑思维过渡的关键期，具有一定的独立性	以关注学生学习能力的提升和潜能的开发为重点，培育高阶思维能力和问题解决能力，夯实根基，关注学生个性发展	以青少年宫为培养主体学校 / 专家推荐优秀学生进入青少年的培养体系

续表

年龄段	年 龄 特 点	培 养 目 标	培 养 策 略
10~12 年级	学生的思维能力趋于定型，自我意识增强，具有自主性	以培养学生的创新素养和应用能力为重点，鼓励和支持学生在科学某一领域开展较为深入的探究，提高研究论文的表达能力	以学校培养为培养主体青少年宫输送拔尖学生进入区内优质高中

综上所述，依据学生年龄层级划分，制订以下创新人才培养路径，如图 4-5 所示。

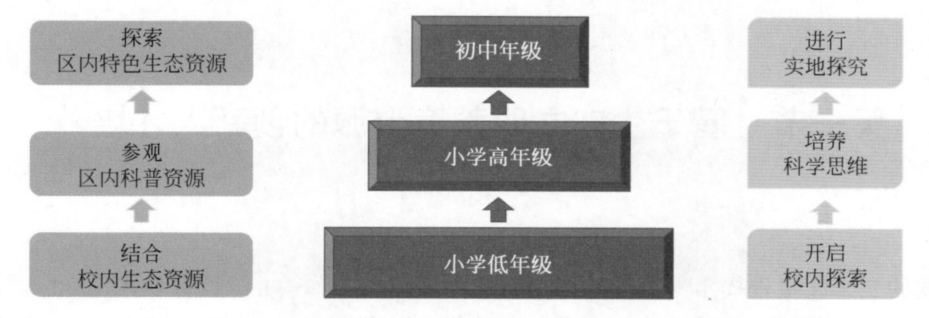

图 4-5　创新人才培养年龄层级路径

结合项目式学习方法，依据科研一般流程进行划分，创新人才培养路径，如图 4-6 所示。

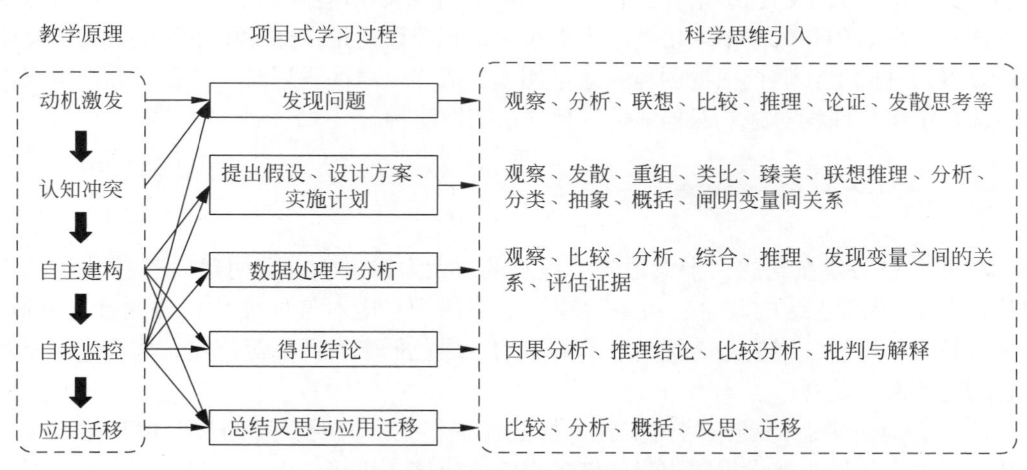

图 4-6　创新人才培养项目式学习培养路径

第五章　基于生态文明教育资源的创新人才培养方法

第一节　基于生态文明教育资源的创新人才培养

一、创新人才培养

党的二十大报告提出，要“着力造就拔尖创新人才”。《中国教育现代化 2035》指出“中国正在向创新型国家迈进”。因此，要建设创新型国家，必须高度重视和加强创新人才的早期培养。

创新人才培养并不是仅仅依靠高等教育阶段就可以实现的，而是需要一个贯穿整个小学、中学、大学的连续培养过程。中小学是创新人才培养的关键一环，承担着重要的责任和使命。创新人才早期培养融入中小学课程建设是指在保障中小学生德智体美劳全面发展的基础上，学校根据创新人才早期成长规律，对课程理念、课程目标、课程内容、课程组织、课程实施、课程评价进行的系统性建构。

二、青少年生态文明教育

习近平总书记在党的二十大报告中提及的“大力推进生态文明建设”“推进美丽中国建设”“统筹产业结构调整、污染治理、生态保护、应对气候变化，协同推进降碳、减污、扩绿、增长，推进生态优先、节约集约、绿色低碳发展”等论述，体现出国家对生态问题的高度重视。

伴随着应对生态问题策略的实施，加强青少年生态文明教育的重要性与紧迫性日益凸显。青少年作为建设祖国未来的储备力量，应该从小接受生态文明教育，在亲近自然、了解自然的基础上能够树立保护自然的意识，培养热爱自然的生态意识，在学习和体验过程中树立绿色发展理念，不断成长为具有生态文明理念的时代新人。

三、基于生态文明教育资源的创新人才培养系统

在全体学生成长的全景场域中建构全息性的培养系统，这一系统不仅关注学生的知识积累，还着重于整全人格的培养、成长型思维的塑造、创新自信的激发以及创新潜能的挖掘。在这个过程中，我们融入生态文明教育培养，以期为学生打好可持续创新

的基础。生态文明教育不仅是知识的传授，更是一种生活态度和价值观的塑造；不仅关注学生的环境保护意识和行为习惯的培养，还强调对自然、社会和自身的全面理解和尊重。

这种教育理念贯穿于学生成长的每一个环节，从课堂学习到课外活动、从日常生活到社会实践，都让学生深刻体验到生态文明的重要性。在整全人格的培养上，我们注重学生的道德情感、社会责任和公民意识的培育，同时融入生态文明观念，使学生成为具有高尚道德品质和环保意识的社会公民；在成长型思维的塑造上，我们鼓励学生以开放的心态面对新事物，以批判的思维审视问题，以创新的视角解决问题，同时结合生态文明实践，培养学生的创新思维和实践能力；在创新自信和创新潜能的激发上，我们为学生提供丰富的创新实践机会，让学生在实践中感受创新的乐趣，提升创新的自信。同时，我们注重培养学生的创新潜能，通过系统的训练和指导，使学生具备在生态文明建设中发挥创新作用的能力。

通过这样的创新人才培养系统，我们旨在优化青少年教育的发展生态，真正提高创新人才的培养质量。培养出培养出既具有生态文明观，又具有创新思维的创新人才，为社会的可持续发展作出更大的贡献。

四、基于本土生态文明资源的综合实践活动

国家对于创新型人才的培育给予了极高的重视，特别注重在真实情景中培养学生的探究能力、实践体验与深刻感悟，旨在全面提升学生的创新能力、科学探索精神以及塑造其良好的个性品质等核心素养。为了实现这一目标，综合实践活动课程被赋予了突破传统课堂与教材束缚的重要使命，其教学领域需延伸至更广阔的自然环境和社会实践中。

为此，学校应当紧密贴合学生的实际生活与兴趣需求，深入挖掘并充分利用本土丰富的地域资源。包括区域内的自然资源、社会资源以及独特的人文资源等，通过巧妙的课程设计，将这些资源有效融入综合实践活动课程中，使课程内容更加丰富多元，更加贴近学生的生活实践，从而极大提升综合实践活动的实施效果。

本土资源是一个有关地域性、特色性的词汇，其概念在以往教育领域的文献研究中较少被提及，与之相似的概念是乡土资源。吴刚平教授认为：“乡土资源主要是指学校所在地区的自然生态和文化生态方面的资源，包括乡土地理、民风民俗、传统文化、生产和生活经验等。本土化，是乡土文化的特征之一。”所以在此定义本土资源是指具有地方特色的、现存的、发生过的自然资源和人文历史资源。利用本土生态资源对青少年进行培养，是在倡导一种深入根植于本土、与自然和谐共生的教育理念。通过引导学生们了解和认识家乡的自然环境、历史文化，不仅可以培养他们的生态文明观念，让他们更加珍惜和爱护这片养育自己的土地，还可以激发他们对可持续发展的深入理解，认识到人与自然和谐共生的重要性，明白资源的有限性和环境保护的紧迫性。此外，利用本土的生态资源还可以为青少年提供一个广阔的创新实践平台，通过亲身参与家乡的自然保护、文化传承等活动，学生们可以在实践中发现问题、解决问题，培养他们的创新精神

和实践能力。这种以本土资源为依托的创新教育，不仅能够培养出具有创新精神与创新能力的创新人才，还能够促进本土文化的传承与发展，为地区的可持续发展注入新的活力。这样的教学方式还能在培养学生自主学习能力、合作探究精神的基础上，进一步培养他们的科学精神与创新意识。通过对本土资源的深入学习和探究，学生们能够更加热爱自己的家乡，对科学产生更加浓厚的兴趣，从而树立正确的价值观和世界观。

本土资源在中国各地区呈现出一种不均衡的分布态势，各地的资源差异显著，但无一例外，每个地区都蕴藏着极其丰富的本土课程资源。这些资源不仅是地域特色的体现，更是教育教学的宝贵财富，蕴含着巨大的教育价值。

以北京市密云区为例，密云区作为北京市的生态涵养区，拥有得天独厚的自然资源，这里自然生态优美，历史文化悠久，为本土资源的开发利用提供了得天独厚的条件。密云区的本土资源包括丰富的自然资源、独特的人文环境、秀丽的地理特色以及深厚的文化底蕴等。这些资源能在教学领域发挥巨大的作用，开发并合理有效地利用这些本土资源能让教学过程摆脱单调、枯燥和抽象的束缚。教师们在利用这些资源时，可以通过实地考察、亲身体验等方式，引导学生深入了解和探索本土文化，从而激发学生的学习兴趣和好奇心。

接下来本书将以北京市密云区为例，深入探索并介绍其在生态文明教育中可以利用的本土生态资源，以及针对这些资源所适用的研究方法。

第二节　北京市密云区相关生态资源

本节将详细介绍北京市密云区的资源，包括自然生态领域、经济产业领域以及工程建设领域。这些领域的资源不仅具有生态价值，更是生态文明教育的重要载体。以下将针对这些不同领域的资源展开，详细介绍可以在生态文明教育中运用的研究方法，为其他地区依靠本土资源开展生态文明教育提供有益的参考和借鉴。

一、自然生态领域

密云区位于北京市东北部，是首都唯一的地表饮用水水源地，也是五大生态涵养发展区之一。区域面积 2229.45km^2，是北京市面积最大的区。密云区的自然生态环境具有以下六大特点。

（一）物种丰富

密云区生物多样性本底调查显示，共记录物种 2285 种，包括国家一级保护物种 8 种、国家二级保护物种 50 种、北京市重点保护物种 104 种，以及中国特有种 130 种。

（二）生态系统类型多样

密云区以森林和湿地生态系统为主的自然半自然生态系统占全区面积 70% 以上，共记录自然、半自然生态系统类型 61 种。

（三）森林覆盖率高

全区森林覆盖率达到 69.91%，人均公园绿地面积 36.8m^2。

（四）保护植物种类多

密云区有国家级重点保护野生植物 12 种、北京市重点保护野生植物 60 种。

（五）水资源丰富且质量高

密云区的水环境质量在全国属于领先水平，是北京市重要的水源地。

（六）大气环境质量良好

密云区的大气环境质量位居京津冀前列。

综上所述，北京市密云区拥有丰富的自然生态资源，包括多样的生物种类、丰富的生态系统、高覆盖率的森林资源以及优质的水资源和大气环境。这些资源为密云区的生态保护和可持续发展提供了坚实的基础。图 5-1 所示为北京市密云区自然生态领域相关资源。

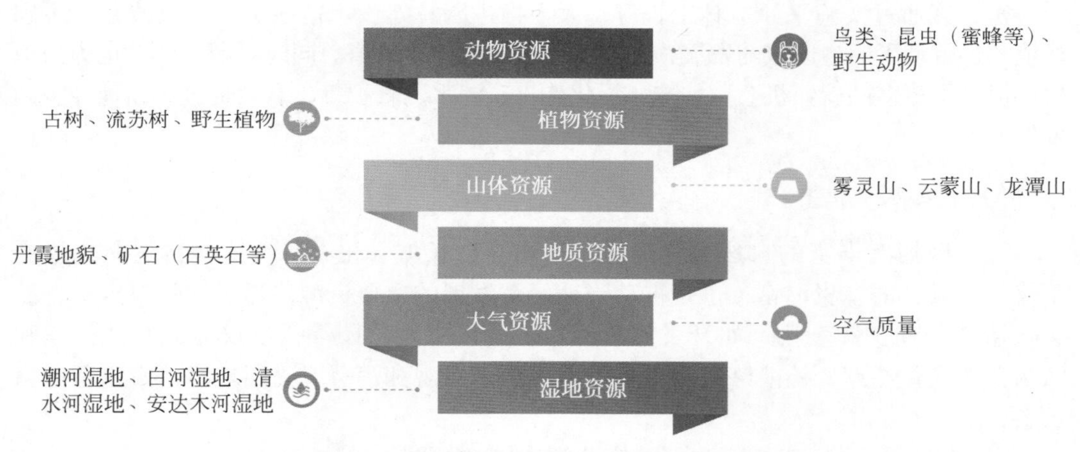

图 5-1　北京市密云区自然生态领域相关资源

二、经济产业领域

（一）林下经济

密云区积极利用丰富的森林资源和林下空地，大力发展林下经济。例如，在苍术会村，依托地域优势，结合林下空地大量闲置的特点，开始实验性的种植林下木耳。这种独特的地理位置和优质的水资源，为林下木耳种植提供了优越的条件，使得这一产业在促进农民增收和推动乡村振兴方面发挥了积极作用。

（二）人文旅游

密云区依托得天独厚的自然资源和人文积淀，全力打造特色文化旅游休闲示范区。

通过构建“一条科技创新和生命健康战略发展带，四条特色文化旅游休闲发展带，多个特色乡镇和特色产业”的全域发展格局，促进了文旅、农旅、学旅、商旅等融合发展。例如，在南部打造了以京沈高铁密云站为中心的时尚运动和体育旅游发展带；在西部融合了云蒙山景区与乡村精品民宿等休闲美食和旅游度假发展带；在东部则依托京承高速沿线布局了文化旅游休闲发展带；北部则主打长城文化旅游发展带。这些措施极大地提升了密云区的旅游品牌影响力和市场竞争力。

（三）果蔬种植

密云区因地制宜，精准施策，把发展特色果蔬产业作为强村富民新的突破口。通过引进和培育了许多新品种，如原味一号西红柿、京采六号、汉姆九号等，形成了规模化种植和多彩的产业发展格局。同时，利用设施农业技术，如大棚种植等，种植周期短、产量高的特色水果，如草莓、火龙果、樱桃等，有效提升了土地的产出效益和农民收入。

（四）园林建设

密云区通过实施平原造林工程等，大力推进园林建设。这些工程不仅改善了生态环境，还带动了周边区域的发展，提升了密云区的土地价值。同时，园林建设也为当地居民提供了更多的就业机会，如造林绿化施工、浇水、管护等，有效促进了当地经济的发展。

（五）自然文化遗产

密云区拥有丰富的自然文化遗产，如司马台长城、化石等。这些自然文化遗产不仅是密云区的宝贵财富，也是推动当地经济发展的重要资源。通过加强对这些自然文化遗产的保护和利用，如开发旅游项目、建设主题公园等，不仅能够有效传承和弘扬自然文化遗产，还能够吸引更多的游客前来参观和消费，为当地经济带来新的增长点。

图 5-2 所示为北京市密云区经济产业领域相关资源。

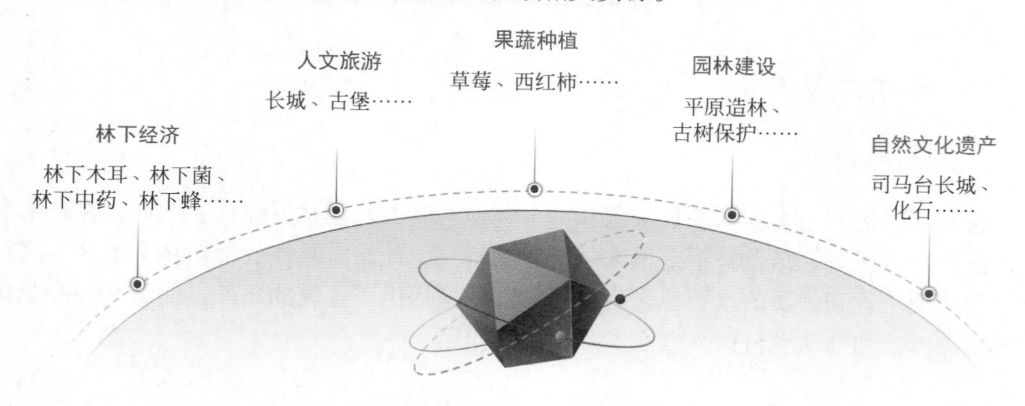

图 5-2　北京市密云区经济产业领域相关资源

三、工程建设领域

（一）水利工程

1. 密云水库的保护与利用

密云水库作为首都北京的重要地表饮用水水源地，其保护工作至关重要。密云区通过实施严格的保护措施，如《密云区密云水库总氮治理工作方案（2022—2025年）》，确保了水源的绝对安全。

密云水库管理处增加了巡视检查、安全监管和隐患排查的频次，年平均开展工程巡查约2.7万人次，有效监控水库的安全状况。同时，利用无人机、无人船、水下机器人等先进设备对水库进行全方位的检查，确保了水库的安全运行。密云水库还积极引入新技术，如遥感、微芯桩等安全监测新技术，形成雨水情、大坝变形监测一体化监测系统，为水库的运行管理注入“智慧化”新动能。

2. 农村污水治理工程

密云区积极推进农村污水治理工作，已开展第二批53个村、第三批42个村的农村污水配套管网工程，有效减少了污水对环境的影响。这些工程不仅改善了农村居民的生活环境，还提升了乡村的整体生态质量。

（二）乡村建设

1. 乡村环境改善

密云区通过实施“美丽岸线”整治提升行动，加大密云水库、区内河湖等区域环境整治力度，有效提升了乡村的生态环境质量。乡村环境的改善还促进了乡村旅游的发展，为乡村经济的繁荣注入了新的活力。

2. 乡村产业发展

密云区依托丰富的农业资源和优美的自然风光，发展特色果蔬种植产业和乡村旅游产业。例如，特色果蔬种植产业方面，密云区通过实施“百万亩造林”工程，在琉辛路以南含水库一级圈内的大屯、石匣、东关等9个村栽植了7000株山桃、榆叶梅等苗木，既美化了乡村环境，又促进了当地林业经济的发展；乡村旅游方面，密云区通过整合民俗户与周边旅游资源，发展农旅融合、民宿体验等新型旅游业态，吸引了大量游客前来观光旅游，带动了乡村经济的繁荣。

3. 乡村文化保护

在乡村建设过程中，密云区注重乡村文化的保护和传承。通过挖掘和整理乡村文化遗产，加强乡村文化设施建设，开展丰富多彩的乡村文化活动等方式，保护和传承了乡村文化。这些措施不仅增强了乡村的文化底蕴和吸引力，还为乡村经济的可持续发展提供了有力支撑。

综上所述，密云区在水利工程和乡村建设方面采取了一系列有效措施，实现了对生态资源的有效利用与保护。这些实践不仅提升了当地的生态环境质量，还促进了乡村经济的繁荣和发展。

思考：在运用上述所提及的生态文明教育资源开展教学实践的过程中，为提升学生的科学素养，培育其生态文明意识，应如何借助这些资源设计一场流程完备并以生态文明为主题的外出实践活动？

第三节　生态文明教育教学方法

在针对上述提及的生态文明教育资源进行教学实践时，可以运用一系列创新且富有启发性的教学方法，以激发学生的主动性和创造性。这些方法旨在将生态文明的理念融入教学之中，使学生们能够更加深入地理解生态文明的重要性，进而培育出青少年的生态文明观和创新能力。

一、变换教学方法

课堂教学是学生学习知识、培养智能的主要渠道，要对学生进行生态文明教育，就必须充分发挥课堂教学这个渠道的作用。教师要灵活使用各种教学方法，结合课本中的相关内容，抓住课堂教学的每一个机会，不时地给学生以生态文明的熏陶，激发学生对生态环保知识的学习兴趣，从而培养学生的生态文明意识。

（一）创设教学情境

在课堂上教师有目的地创设或引入具有一定情绪色彩、形象生动的教学场景，能够激发和调动学生的学习兴趣和积极性，使学生更好地理解和掌握相关知识。因此，教师可以根据不同的教学内容、教学目标以及学生的实际情况，精心设计相关的教学情境，让学生在形象、生动、具体的情境中去理解生态文明的理念，激发其环保热情、增强其环保意识。常用的教学情境有问题情境、游戏情境、故事情境等。

（二）实验探究，激发学生学习兴趣

实验是学生较为乐于接受和积极参与的教学活动，在教学过程中，探究式实验教学不仅能培养学生的实践能力，还能让他们通过实验掌握正确的实验技能。因此，实验教学是学校开展生态文明教育的重要途径。教师应该积极推广探究式实验教学，以问题为导向，激发学生的探究欲望，引导学生积极主动地吸收生态知识，在探究的过程中，教师可以就学生的操作过程给予相关的指导，并时刻注意对学生进行生态文明知识的渗透。

（三）角色扮演，升华课堂教学氛围

在生物课堂教学中，教师还可通过角色扮演的方式渗透生态文明教育，角色扮演是指在课堂教学中，教师根据教学的需要依据教材，组织学生扮演特定的人物，在巧演过程中组织开展教学活动的一种教学方式。

（四）直观教学法，激发学生学习热情

直观教学法作为一种常见的教学方法，在各学科教学中有着广泛的运用，直观教学法就是教师通过黑板报、生物模型、剪贴画等各种直观图的方式，给学生传授知识。直观教学法的特点是学生主动通过观察获得的知识，较其他教学方法相比有着很大的优势，而且通过直观的教学方式，可以升华课堂教学的氛围，提高教学的效果。

（五）读书指导法，培养学生独立获得生态文明知识的能力

读书指导法是一种在教学中广泛使用的教学方法，指教师为了完成教学目标，指导学生自己阅读教材中的知识以获得相关知识的过程。它包括指导学生进行课前的预习、复习已学过的知识、阅读课外读物等。教师可以将读书指导法与生物学科知识的讲解结合起来，培养学生独立获得生物学科知识的能力，训练学生的思维能力、自主学习能力。

案例 1　探香梨奥秘　扬家乡至味科技实践活动

密云区青少年宫　赵涵妮

一、活动背景

（一）政策背景

党的二十大报告指出“中国式现代化是人与自然和谐共生的现代化”，强调“我们要推进美丽中国建设，坚持山水林田湖草沙一体化保护和系统治理”。密云区委区政府明确了到 2035 年，密云将建成生态文明教育典范之区，保护生态环境是其中重要的组成部分。在此背景下，我们从核心素养角度，针对社会责任、勇于探究和乐学善学等核心素养进行重点培养，结合学生实际进行实践活动的设计与组织实施。

（二）课程基础

《智享绿色生活》是北京市密云区青少年宫赵涵妮老师在校外教育改革的背景下，依托地域特色和区域内外优质教育资源，设计并实施的项目。项目的主旨是让学生了解到更广泛意义上的环保，了解到自己举手投足都可以是为创造绿色生活做出自己的贡献。将环保与生活紧密地联系在一起，让学生知道，环保对自己、对家人、对社会乃至对整个地球的意义；通过绿色饮食、绿色社区、绿色交通、绿色大气、绿色水源五大板块进行学习，提高学生对自然、社会和自我之间的联系的整体认识，形成自觉保护周围自然环境、节约资源的意识和能力；提升逻辑思维和科学研究能力，形成尊重生命、热爱环境的素养。本项目依照《义务教育课程方案（2022 年版）》提出的充分发挥实践的独特育人功能、突出学科思想方法和探究方式的学习、加强知行合一、学思结合、倡导“做中学”“用中学”“创中学”的具体要求。项目的核心活动中分为了五个主题，本次活动是绿色饮食中的一次活动。

（三）教育理念

1.“教育即生活”教育理论

本次活动遵循教育即生活的教育理论，使教育回归生活。以红香酥梨为主题，培养学生对所学科学知识进行迁移、理解和应用的能力。

2. 跨学科融合教育理念

本次活动将科技教育与劳动教育、环保教育、生命教育相融合，提高学生学习兴趣和学习效率，促进学生多元思维发展。

3. 注重科学实践的科学教育观

当前科技教育的重点已经从科学探究过渡到科学实践，本次活动通过科学实践能充分将科学知识和实践相结合，使学生能够从实践中领悟科学，以更直接、更有效的方式了解和掌握科学知识和科学技能，增强学生的体验性。

（四）学情分析

参加每期活动的是青少年宫科技兴趣小组50名小学高年级学生，通过访谈及调查问卷了解到以下内容。

（1）学生们对红香酥梨相关知识感兴趣，但目前对该知识掌握薄弱。

（2）学生们对户外探究活动感兴趣，且98%的学生没有去过红香酥梨采摘园。

（3）学生们对实验探究活动感兴趣，且有一定的实验基础，但平时实验探究的机会较少。

（4）学生们在日常生活中对微视频这种媒体形式关注度很高且十分感兴趣，但没有学生体验过制作红香酥梨主题微视频及微视频宣传推广活动。

二、活动设计

（一）活动目标

1. 科学观念

通过线上资源，了解红香酥梨在密云栽培历史、营养价值和与之相关的传说故事，撰写“我了解的红香梨”短文，并说出红香酥梨有名的原因。

2. 科学思维

通过对梨糖度及化学、物理指标的检测和实验探究，进一步推理红香酥梨香甜、有名的原因，从而培养学生基于实验证据和科学推理提出具有创造性见解的品格与能力；体验确定主题→制订计划→实施研究→展示交流→总结反思的科学探究过程。

3. 探究实践

通过检测红香酥梨糖度、酸度、电导率等化学指标，抽样称重最大果、最小果、平均果重等物理指标，整理出红香梨产品外观和主要指标检测报告；通过撰写广告语，采用手机视频编辑软件拍摄3分钟左右的基于科学指标检测和文化内涵融合的广告微视频，锻炼学生的科学实验技能以及交流合作、动手实验和语言表达能力。

4. 态度责任

积极进行劳动，尊重劳动成果；培养实事求是的科学态度和乐于运用科学方法进行实验检测和实地探究的习惯，了解科学、技术、社会、环境之间的相互影响，初步形成热爱自然、保护环境的自觉行为，增强家乡自豪感。

（二）活动重难点

1. 活动重点

完成“带您认识我的家乡特产——红香酥梨”的微视频。

2. 活动难点

撰写科学内涵和文化内涵的广告语，完成微视频录制。

（三）活动创新点

本活动首次以密云地区特产红香酥梨作为主题，把学生喜欢的媒体形式——微视频与科技实践活动相融合，将化学指标评价、物理指标评价和文化传说故事通过课堂、线上和实践考察学习相结合，体现了新课标改革理念。

（四）活动准备

1. 学生准备

学习多种调研方法、文献检索方法；根据实际情况认真完成调查问卷；自主学习，梳理红香酥梨相关知识，记录想要了解但还未了解清楚的知识；提前了解问卷、实地访谈等科学调查方法的相关知识，了解访谈技巧；自主学习利用手机软件（剪映、快影等）制作微视频的方法。

2. 教师准备

实地考察红香酥梨采摘园，并与学校、梨园负责人沟通协调活动具体事宜，确保活动安全顺利地开展；发放调查问卷，通过调查问卷对学情进行掌握，根据问卷结果对学情进行分析，依据学情设定活动目标及重难点，设计任务单、评价表等；撰写活动方案和安全预案。

（五）活动过程

活动一：探求红香酥梨相关知识

1. 活动地点

采摘园活动室。

2. 所需设备及材料

PPT、iPad、香梨加工美食、雪花梨、鸭梨、活动手册。

3. 教师活动

（1）香梨知识我检索。引导学生回忆三种文献检索方法，选取其中一种进行自主搜索，了解红香酥梨的产生、特点、生长环境、储存方式和价值；利用资源包、网络等自主查询了解红香酥梨在密云栽培历史、营养价值和与之相关的传说故事。

（2）香梨特点我比较。引导学生观察红香酥梨的形态特点，并将红香酥梨与雪花梨、鸭梨进行形态上的对比，通过连连看游戏，找出异同点。

（3）香梨专家我访谈。引导学生回忆访谈技巧，梳理已经了解以及想要了解的红香酥梨相关知识，对生物学专家进行有针对性的访谈。

（4）学习成果我展示。引导学生分享本环节的收获和体会。

活动二：实验探究梨甜的奥秘

1. 活动地点

采摘园活动室。

2. 所需设备及材料

PPT、iPad、VR眼镜、录音笔、糖度检测仪、pH计、便携式电导率测定仪、电子天平、卷尺、活动手册。

3. 教师活动

引导学生自选下列主题进行分组探究具体如下。

（1）生长环境我调查。引导学生登录气象局官网，对近10年该梨园所处地区的气温、湿度等条件进行收集和整理；引导学生利用VR设备观看梨树从种下到结果的生长变化。

（2）梨果甜度我测定。组织学生进入果园，邀请果园负责人对果园进行全方位介绍并给学生提出问题；引导学生根据猜想并进行实践研究；引导各组学生根据问题找到不同位置的梨各摘两个并做好标记；引导每组学生通过品尝和利用仪器检测梨汁两种方式给梨的甜度进行排序；引导学生分组分享品尝和检测结果。

（3）梨甜原因我探究。结合检测结果引导学生猜想红香酥梨的甜度会与哪些因素有关，引导学生根据猜想并确定研究问题；引导学生分组确定调研任务并制订研究计划；引导学生分组进行实地调研，每组有一名组织教师全程指导、评价；引导学生整理调研过程材料，对本组研究的问题给出科学的解释。播放专家关于红香酥梨知识的讲座视频；引导学生进行互评。

（4）梨果指标我检测。引导学生利用实验检测仪器对香梨物理指标和化学指标进行检测。

（5）梨甜原因我揭秘。引导学生根据调查及检测结果撰写报告。

活动三：体验摘梨果的辛劳

1. 活动地点

红香酥梨采摘园。

2. 所需设备及材料

iPad、摘果器、手套、小推车、装果箱、活动手册。

3. 教师活动

（1）摘果方法我研究。引导学生观察果农摘果时的技巧、注意事项等并进行记录；带领学生认识摘梨果所需要的工具，聆听当地果农讲解梨果的分级标准等。

（2）摘果比拼我能行。引导学生进行分组摘果竞赛，并对梨果进行分级，在不损害梨果的前提下，摘满一筐红香酥梨，比一比哪组用时最短，符合标准最多，分级最准确；在果农检查后，学生们对所有摘下的梨果进行搬运、装箱，结合教师评价，评选出“摘果超能小队”。

（3）摘果收获我分享。引导荣获“摘果超能小队”称号的小组进行成功经验分享，鼓励其他学生分享本次摘果过程的感受。

活动四：助力家乡特产推广

1. 活动地点

红香酥梨采摘园。

2. 所需设备及材料

iPad、三脚架、红香酥梨、PVC板、马克笔、美工刀、A4纸、活动手册。

3. 教师活动

（1）视频制作我研究。引导学生回忆“剪映”“快影”等视频制作软件的使用方法，引导其通过自主查询解决所遇到的问题。

（2）视频设计我参与。引导学生分组进行头脑风暴，针对视频内容设计建言献策；引导学生根据视频内容进行分工，完成“带您认识我的家乡特产——红香酥梨”微视频制作。

（3）家乡特产我宣传。引导学生利用“京郊优选”抖音直播账号、“智享绿色生活”微信视频号、学生个人微信号、朋友圈等途径，传播宣传微视频，助力家乡特产的推广，为果农增收贡献力量，并分享收获体会。

三、活动反思

本项目是围绕社会热点问题、密云地域特色、主题节日等，整合社会优质社会教育资源设计的校外实践活动项目，项目充分发挥实践的独特育人功能，突出学科思想方法和探究方式的学习，加强知行合一，学思结合，倡导“做中学”“用中学”“创中学”，紧紧围绕探究式学习进行开展。当前科技教育已经从科学探究过渡到科学实践，本次活动通过科学实践能充分将科学知识和实践相结合，使学生能够从实践中领悟科学，以更直接、更有效的方式了解和掌握科学知识和科学技能，增强学生的体验性。

这次以家乡特产红香酥梨为主题的实践活动是一次新的尝试，为了将劳动教育、环保教育、生命教育更好地融入活动当中，本项目设计了不同主题的活动，循序渐进地引导学生掌握梨相关知识、体验摘梨、直播宣传梨等，通过游戏、实验等形式吸引学生兴趣，促进活动目标的达成。在以后组织活动的过程中应该更加用心、更加细致，给学生锻炼自我、展示自我的机会，为提高学生科学素养贡献一分力量。

案例分析

案例1是对变换教学方法的一次积极探索与实践。在组织学生们进行实践活动的过程中，教师将学生普遍喜爱的媒体形式——微视频，与科技实践活动巧妙地融合在一起，为传统的教学方式带来了全新的变革。教师充分利用微视频直观、生动、易于传播的特点，将化学指标评价、物理指标评价等复杂的科学知识，以及富有地方特色和文化底蕴的传说故事，通过微视频的形式呈现出来。同时，这些内容与课堂讲授、线上资源分享以及实践考察学习等多种教学方式相结合，形成了一个立体、多元的学习体系。学生们不仅能够在课堂上听到教师的详细讲解，还能通过微视频看到实验过程和科学现象，更能在实践考察中亲身体验科学的魅力。

为了让学生们更加深入地了解家乡特产的价值，教师还组织学生们亲自参与摘梨的公益劳动。在劳动过程中，学生们不仅亲身体验了劳动的艰辛与乐趣，还学会了如何运用所学的化学、物理指标来评价梨的品质。同时，他们还通过梨的宣传活动，将家乡特产的魅力和文化故事传播给更多的人。

这些实践活动让学生们学到了知识和技能，更让他们体验到了科学探究的乐趣和价值。他们在这个过程中学会了如何提出问题、设计实验、收集数据、分析结果，深入了解了科学研究的一般流程。这种以实践为主导的教学方法，极大地激发了学生们的学习兴趣和热情，提高了他们的学习效果。此外，这一教育教学方法的实践还培养了学生的实践能力、创新能力和综合素质。

二、实践教学方法

课堂教学是对学生开展生态文明教育的主要渠道，但是教学不是简单地给学生灌输知识，教师还应鼓励学生参与实践探索，引导学生将学到的知识运用到实践活动中去，做到学以致用。做到学、思、行结合，学习到的知识只有转化为具体的行动才能起作用，这是符合教学的常规的，生态文明教育的渗透也要遵循这样的规律，只有在实践中，生态文明教育才能让学生理解地更透彻，才能内化为学生的具体行动。教师应不失时机地指导学生开展课外实践探究活动，让学生在活动中去切身体验生态文明，领会生态文明的含义，从而树立坚定的生态文明信念。通过实地考察、实验操作和实践项目等方式，学生能够亲身感受和体验到生态环境的变化和管理过程。这种实践教学可以帮助学生巩固理论知识，培养他们的观察力、实验设计和问题解决能力。

实地考察是实践教学中的一个重要环节，通过组织学生亲身参与自然生态系统的调查和评估，为学生提供一个直观、生动的学习平台。在这个过程中，学生们不仅能够巩固和深化课堂上学到的理论知识，还能培养观察、分析和解决问题的能力。在实地考察中，学生们被分成若干小组，每个小组负责一个特定的调查区域或项目。学生在专业导师的指导下，运用所学的学科知识，对调查区域进行细致的观察和记录。如观察动植物的生长状态、生物多样性的分布、土壤和水质的状况等，了解自然生态系统的结构和功能。除了观察和记录，学生们还需要运用科学方法进行数据的分析和解读，分析生态环境的变化趋势和潜在风险。在实地考察的过程中，学生们还可以亲自实践和探索生态环境保护的方法和技术。如参与植被恢复项目，亲手种植树木和草皮，以改善土壤质量和水源涵养。

这些实践活动不仅让学生们亲身体验了生态环境保护的艰辛和重要性，还培养了他们的团队合作精神和实践能力。通过实地考察，学生们能够亲身感受和体验到生态环境的变化和管理过程。他们将在实践中不断学习和成长，形成对生态环境保护的深刻认识和责任感。同时，实践教学也为学生们提供了一个展示自己才华和能力的舞台，让他们在实践中发现自己的兴趣和潜力，为未来的学习和职业发展打下坚实的基础。

此外，实践教学还可以培养学生的团队合作能力和实际操作技能，通过团队合作完成实践项目，学生能够锻炼沟通协作、问题解决和创新思维的能力。实践教学使学生能够将所学知识与实际情境相结合，更好地理解和应用园林生态学的原理和技术，为未来的实践工作打下坚实基础。

案例 2　考察家乡清水河　小小河长在行动
——走进北庄清水河实践体验活动

密云区青少年宫　彭秀伶

一、活动背景

清水河是密云水库的上游河流，是北京重要的生态涵养区，于 2015 年 5 月被评为北京市首个国家级湿地。近几年，北庄镇政府启动河长制，开展了湿地保护恢复工程，清水河的水质和生态环境得到了明显地改善。但是学生们对于清水河的印象大多还只停留在“看起来美观、整洁”上。本活动旨在学生对家乡的生态环境由表面、片面、肤浅的理解向全面、深刻的方向发展，因此设计带领学生考察清水河，去亲自感知家乡清水河生态环境。本活动依托我是一名小河长考察清水河的方式，完成考察水质、鸟类、植物生态情况，围绕“我是小河长、考察清水河、分享清水河、保护清水河”四个环节开展。

二、活动设计

（一）教育理念运用

活动以核心素养理念为指导，引导学生关注家乡，这就要提升学生对家乡生态环境问题进行关注的意识。本次活动引导学生主动上网查阅资料、实地走进清水河考察，从而完成所预期的学习任务，这点在学生的活动中表现尤为突出。在活动中让学生检测清水河水质、实地辨识周边植物和鸟类，引导学生了解清水河现状。本次活动旨在以学生为主，从学生现有的发展水平、兴趣爱好为出发点，调动学生的主动参与精神，充分尊重学生的个性需求。带领学生走进清水河去亲自考察家乡的清水河现状，亲历科学探究过程，获取第一手资料，从而使学生在活动中既了解了家乡清水河水质、植物、鸟类的相关知识，又提高了收集处理信息、获取新知识的能力。活动以学生为主体的理念为先，充分发挥学生的自主性。

（二）项目内容分析

1. 项目整体介绍

密云区作为北京市生态涵养区，域内的密云水库是首都唯一的饮用水源供应地。打造践行习近平生态文明思想典范之区，是密云区建设发展的战略任务。2019 年，密云教育大会上提出“践行习近平总书记生态文明思想，打造生态文明教育典范之区”规划目标。自此，本项目便以“绿水青山就是金山银山”为理念。对于生在密云、长在密云的我们来说，守护绿水青山是我们世代的责任与使命，这种思想一定要加以传承。

依据校外教育“三个一”项目建设，密云区青少年宫围绕密云水库策划“水文化之旅”项目，并分为基础课程、拓展课程、研学课程三部分。本次活动是拓展课程部分中的考察家乡清水河的活动。活动依托“我是一名小河长”的形式，实地考察清水河，在获得知识的同时，提升学生的爱家乡的责任感。清水河位于密云水库上游，发源于河北省兴隆县，到大城子的雾灵山下，途经有大城子、北庄、太师屯三个镇，最后注入密云水库。通过考察家乡清水河的四季，使学生了解清水河的四季变化。本次是冬季考察活动，通过问卷调查、寻访父母、查阅资料等，梳理问题，让学生自己选定考察主题，组建小组，引导学生关注家乡清水河，树立保护清水河的社会责任感。

2. 本次活动意义

本次活动通过活动前的调查问卷，了解学生的原有知识储备、开展活动等情况，设计开展考察清水河的四季活动课程。受疫情影响，九月份没有开展室外活动。本次活动是新一轮的课程中考察清水河的第一次活动，从冬天开始，带领学生逐步感知家乡四季清水河的生态环境。活动以体验一名小河长的身份，开启考察清水河之旅，策划开展考察家乡清水河，小小河长在行动实践活动，让学生关注四季清水河，和清水河一起共成长。

3. 资源整合利用

（1）人力资源。密云环保局办公室一直承担区域环保监测任务，环保局检测站专业人员能够提供水质检测专业指导，能为学生的活动提供专业技术的支持。

（2）基地资源。清水河湿地全长 14.6km，总面积 $70hm^2$，2015 年 5 月，清水河被批准为北京市首个国家级湿地保护试点项目，主要以湿地生态系统、珍稀水鸟为重点，综合规划鸟类栖息地、水质保护区、生态系统保护区，为学生参观考察提供资源。

（三）学情基础分析

密云区北庄镇中心小学位于清水河畔，学校经常组织学生去清水河边捡拾垃圾，并开展保护清水河的宣传画活动。近几年，北庄镇政府启动河长制，开展了湿地保护恢复工程，清水河的水质和生态环境得到了明显的改善。通过问卷调查、采访，发现学生对于清水河水质、植物和鸟类的情况不是很了解，学生对于生态环境改善的理解大多还只停留在“看起来美观、整洁”上。为了让学生对家乡的生态环境由表面、片面、肤浅的理解向全面、深刻的方向发展，本活动设计带领学生考察清水河，去亲自感知家乡清水河生态环境现状。六年级学生年龄还比较小，科学考察探究、分析解决问题等能力有限，但对于开展科学考察充满热情与好奇，对自己要通过一系列的动手动脑、科学探究实践活动、科学地调查研究我们家乡清水河的水资源状况充满期待。因此本活动依托我是一名小河长考察清水河的方式，引导学生完成考察水质、鸟类、植物生态情况，具体围绕我是小河长、考察清水河、分享清水河、保护清水河四个环节开展。

三、活动反思

（一）注重体验，记得牢

本次活动十分注重学生体验，让学生体验模拟当一名小河长走进清水河实地开展考察活动（图 5-3），这条线贯穿了整个活动。活动前根据学校的实际情况，让即将毕业的六年级的学生接过保护清水河的旗帜，使其有一份责任感和使命感。活动为学生准备了小河长证，让学生亲身参与，有模有样地考察，体验做一名小河长的快乐和不容易。活动结束后为学生发放宣传手册，后期通过手抄报、校园广播等形式向全校学生进行宣传，引导全校学生关注、清水河，用实际行动践行，使我是小河长的责任感油然而生，这样的体验学生会在记忆中留有深刻的印记。

图 5-3　小河长考察活动

（二）问题引领，记得快

活动前通过问卷调查、采访等形式，了解学生的需求和知识储备，对学生想知道的问题进行梳理和分类，例如清水河水质怎么样，周边的植物怎么样，有哪些鸟类等。所有的问题都是源于学生，在问题的引领下，学生通过实地检测水质情况、周边的植物情况、河边的鸟类等情况，了解了清水河的生态环境情况。在密云区环保局专业人员指导下，学生们利用水质检测工具箱和专业仪器，对清水河的多位置水质进行了考察。从采集水样、填写标签、实践检测、再到数据对比分析，学生们获得相关的水质检测技巧的同时，感受到了清水河水质的良好。在观鸟专业教师的指导下，学生在清水河边观测到了绿头鸭、斑嘴鸭、大山雀、红嘴蓝鹊等近10种鸟类。考察河岸、河面的植物，认识了金银木、迎春花、丁香、菖蒲、芦苇等10余种植物，遇到不认识的植物，大家商量、上网查找解决，掌握辨识植物的方法。在所有数据被汇总成表展现在大家面前的那一刻，学生们惊喜地说："清水河的水质很好，我们应该去保护我们家乡的清水河。"活动中体现问题引领，让学生自主考察，在给学生带来快乐体验的同时，学生会很快记住考察内容。图5-4所示为学生进行实地考察。

图5-4 清水河实地考察

（三）多样分享，记得准

本次活动分成三个小组，本活动引导学生通过小组分享的形式，让每个小组的学生都可以准确记住各个小组收获的相关知识。在展示成果的时候，学生根据实际，植物小组采用了实物展示，观鸟小组利用iPad拍照图片投屏展示，水质监测小组采用了现场观看结果的方式展示，这些多样直观的分享方式，让学生将考察的知识准确记住。在踊跃表达各自的认识、感受的基础上，彼此倾听和享受对方的认识成果，整个活动学生们都带着浓厚的兴趣积极参与其中。

（四）活动不足与展望

在分享展示环节，会出现学生不自信，不能脱离任务单进行展示的情况。原因可能是对学生分享的准备情况引导不够到位。因此，学生应该充分了解学生的准备情况，做好相应的辅导，让学生进行自信的展示。作为教师，应要以此次活动为契机，让活动设计得更有意义。后期将开展清水河的四季课程，通过四季的水质、植物、鸟类的数据对比分析，感受清水河四季不同生态情况，撰写调研报告、出版相应的教材，为后期指导学校开展活动提供理论依据。

案例分析

案例2是一次深度融合实地考察与实验操作的实践教学范例，旨在通过亲身体验与科学实践，全面提升学生的综合素质与专业技能。在此次活动中，学生们在密云区环保局专业人员的精心指导下，携带水质检测工具箱及一系列专业仪器，对清水河多个位点的水质进行了全面的实地考察。

活动过程中，学生们首先学习了水样采集的规范流程，他们亲自从清水河中采取水样，并严格按照要求填写水样标签，确保每一份样本信息的准确无误。随后，学生们亲手动手操作专业仪器，对水样进行了多项指标的检测，包括pH值、溶解氧含量、浊度以及氨氮浓度等。通过进行数据对比分析，学生们直观地感受到了清水河水质的优良状态，这不仅增强了他们对环境保护的认识，也激发了他们对家乡自然环境的热爱与保护意识。

此外，此次活动还特别邀请了观鸟专家老师，带领学生们在清水河边进行了一场生动的观鸟实践活动。在教师的指导下，学生们成功观测并记录下了绿头鸭、斑嘴鸭、大山雀、红嘴蓝鹊等近十种鸟类，同时，他们还对河岸与河面的植物进行了实地调查，学习并掌握了辨识不同植物种类的方法，进一步拓宽了他们的自然知识视野。

此次实践活动，不仅让学生们亲身体验了科学研究的严谨与乐趣，更在实践中锻炼了他们的问题解决能力、创新思维以及沟通表达能力。这些宝贵的经历与技能，将为学生们未来的学习、工作乃至生活奠定坚实的基础。

三、跨学科教学方法

跨学科教学是指在教学过程中将多学科的知识与技能有机地结合起来，使学生能够综合运用不同学科的知识来解决生态环境问题的教学方法。在生态文明教育课程中，跨学科教学可以帮助学生了解生态系统的综合性质和与其他学科的关联，培养他们的综合思维能力。例如，可以将生物学、地理学、环境科学等相关学科的知识融入课程中，通过案例分析、实地考察和小组讨论的方式，让学生从不同角度去理解和解决生态环境问题。通过跨学科教学，学生可以开阔视野、深入思考，培养综合分析和综合应用的能力，更好地应对现实生态挑战，并为生态环境保护提供创新解决方案。

案例3　走进贡梨之乡，探秘“梨中之王”背后的故事
——以“密云黄土坎鸭梨科技实践活动”为例

首都师范大学附属密云中学　曹丽娜

一、活动背景

在党的二十大报告中，强调了人与自然和谐共生的重要性，突出了生态文明建设对于中华民族持续发展的关键作用。根据《国家教育事业发展“十四五”规划》，培养学生的生态文明素养成为教育的重要目标，旨在提升学生的环保意识和实践技能，激励他们积极参与生态文明建设。

北京市密云区不老屯镇被誉为“贡梨之乡”，拥有600多年的梨树种植历史。黄土坎鸭梨自清朝乾隆年间起便作为进贡佳品，享有“梨中之王”的美誉。本校以黄土坎鸭梨为研究主题，引导学生从生物、地理、历史、政治、德育和劳动教育等多个学科方向

进行综合研究。这一活动旨在加深学生对家乡文化的认识，增强社会责任感，同时激发他们对家乡和祖国的热爱。活动旨在通过创新教学方式和跨学科融合，提高学生的想象力、创造力、实践能力和创新能力，全面提升其核心素养。

作为北京市科技示范校，我校有52个教学班，1600多名学生，大多来自密云区的农村家庭。选择黄土坎鸭梨作为示范项目，不仅让学生掌握科学研究的基本方法，还计划将此模式应用于密云其他特产的研究。目标是通过调查研究提升密云本土特色产品的质量和知名度，打造特色农业品牌，增加农民收入，助力家乡经济建设。

二、活动设计

（一）学情分析

在黄土坎贡梨知识调研中，我们发现学生对其历史和文化价值了解不足，大多只认识到其作为水果的用途，对其在农业经济和传统栽培中的重要性认识有限。虽然农业课程提供了理论基础，但实际应用和文化传承能力需要加强。

为了加深学生对黄土坎贡梨的文化和农业价值的理解，建议实施以下措施：安排学生参观种植园，直接参与种植与收获，以提升对贡梨文化的认识；跨学科整合历史、地理和农业科学，让学生全面了解贡梨对当地农业和生态的贡献；通过调研项目锻炼学生的探究和实践能力；利用课堂讨论和案例分析提高学生对贡梨保护的意识，鼓励他们展示调研成果，提升贡梨知名度，增强参与感。通过这些方式旨在激励学生积极参与保护和发展黄土坎贡梨，成为其文化和农业价值的传承者。

（二）活动目标

（1）通过黄土坎地区的活动，学生学习了跨学科知识，包括生物光合作用原理、害虫防治方法比较、地理农业区位分析以及密云区生态与城市发展的互动关系。

（2）学生通过科技探究活动掌握了课题研究方法，能设计实验方案、分组实施实验、分析数据、撰写论文。他们为黄土坎鸭梨生产提出建议，参与市场营销和推广，助力密云经济发展，同时培养了其科学探究、实践和创新能力。

（3）学生利用假期帮助果农摘梨和销售，接受劳动教育和职业体验，增进对家乡农产品的了解和关注，提升社会责任感，培养对家乡和国家的热爱。学校举办汇报会，分享研究成果，以激励更多学生参与课题研究。

（4）通过本次活动，促进教师发展，提升教师的科研能力，推动教师把创新能力培养融入学科教学，为实践活动提供知识基础保障，活动的研究成果也为学科教材提供了资源与素材。

（三）活动重难点

1. 活动重点

通过黄土坎鸭梨的科技实践活动，重点培养学生的科学探究、实践操作和创新能力，使学生能够将多学科知识应用于实际问题解决中，并在真实环境中体验科研和社会服务。

2. 活动难点

确保学生能够深刻理解理论知识并成功将其应用于实践活动中，同时可以解决实地考察的安全和技术问题，以及提高数据分析的准确性和论文撰写的质量。

（四）活动准备

1. 科学实验用具

糖度仪、匀浆机、烘箱、电子天平、捕虫瓶、4.5L小号水桶、40目的分样筛、榔头、滤纸、水果刀、大烧杯、玻璃漏斗、玻璃棒、烧杯、白色解剖盘、GPS定位系统、环刀、定向筒齿钉、导杆、取土器落锤、镐、直尺、手机、计算机等。

2. 访谈调研用具

访谈问卷、摄像机、录音笔等。

（五）活动过程

1. 确定调查方向阶段

（1）前期教师、专家团队实地考察：为保证活动的科学性和实效性，我校选派各学科经验丰富的教师和专家前往黄土坎实地考察，确定研究课题和方向。经过与当地果农的沟通，与两家具有代表性的果园建立了合作关系，并设立了学校的课外实践基地。

（2）从生活实际引出调查课题：在北京昌平进行军训，以请学生吃本土梨来引发学生争论，有学生认为这里的梨很甜，有的学生则反驳说："提到梨，最好吃的要数密云的黄土坎鸭梨，连核都是甜的。"进而教师引导学生调查黄土坎鸭梨为什么好吃，有什么优势呢？

（3）学生发散思维提出研究方向：发动学生集体的智慧，思考提出可以研究的方向。如黄土坎鸭梨的口感好的缘由；梨什么时候吃口感最好、甜度最高；土壤对黄土坎鸭梨品质的影响；地形差异对黄土坎鸭梨品质的影响；依托黄土坎鸭梨生产的新型农业经营模式研究等。

（4）教师结合学生提出课题再次进行实地考察：多学科教师再次进行实地考察，为学生调研探路。为了论证活动的可行性及研究的价值，各科教师代表再次前往黄土坎进行实地考察。结合教师之前的调研，帮助学生筛选课题。

2. 课题准备阶段

（1）选定课题组长，招募成员：经过慎重考虑，最终决定依据"谁提出、谁负责"的原则选定课题组长，并由他们负责招募高一、高二的优秀学生加入课题组。通过面试评估，确保选拔出有潜力的成员，为课题的成功打下基础。

（2）查阅文献资料和理论学习并制定实施方案：指导学生通过微课、vbook、知网等多种信息化渠道收集相关资料，了解密云不老屯地区和黄土坎鸭梨的相关研究进展和研究方向，了解其他地区关于梨的调查方法及手段等相关资料，确定本项目的主题，并分工合作制定项目实施方案，绘制活动流程图。

（3）聘请专家进行专业知识培训：为提升学生的专业实验技能和研究能力，我们将安排资深教师进行实验操作和课题研究方法的培训。同时，教师提供论文写作指导，帮助学生规范撰写，并解答学习中的疑问。

（4）安全培训：对学生进行安全教育培训，确保学生熟悉并遵守实验室安全规则，签安全协议等。

3. 实地考察阶段

学生们以小组为单位，前往不老屯开展野外调查工作。

（1）贡梨品质组

学生在实验室对黄土坎鸭梨、香酥梨、皇冠梨、雪花梨等进行了石细胞、糖度、酸度的检测和数据分析。研究结果显示，糖度越高，梨的口感越甜；酸度越高，石细胞越少，口感越细腻。但过高的酸度可能使梨过酸，影响品质。

（2）黄土坎虫害防治组

小组成员分为两组，一组配置不同比例的糖醋液，安放进行害虫的诱捕；一组用昆虫性外激素进行诱捕，探究糖醋液法和昆虫性外激素引诱法对害虫捕杀情况。试验表明，诱杀柑橘小实蝇这类害虫，按糖：醋：酒：水＝4：3：3：10的配比诱杀效果最好。昆虫性外引诱剂可以很好地达到减少梨小食心虫数量的效果。

（3）对黄土坎鸭梨室温条件下最佳食用时间的研究

在黄土坎鸭梨的糖度检测实验中，从同一棵树上采摘了90个大小、颜色和光照条件相似的鸭梨。这些梨被平均分成30组，每组三个，并标记检测日期。实验在每晚九点进行，其中每个梨被削皮，称量10克果肉，榨汁后倒入烧杯，再通过滴管将梨汁滴在数显糖度计上以测量糖度。为确保准确性，每天对每组梨进行三次重复实验，并记录平均值。

数据分析表明（图5-5），黄土坎鸭梨在室温下糖度在摘下后第9天最高，持续至第11天，之后开始下降。建议消费者在梨摘下后的第9天至第11天购买食用，此时甜度最高。果农应据此安排销售，以提升消费者体验并增加销量。

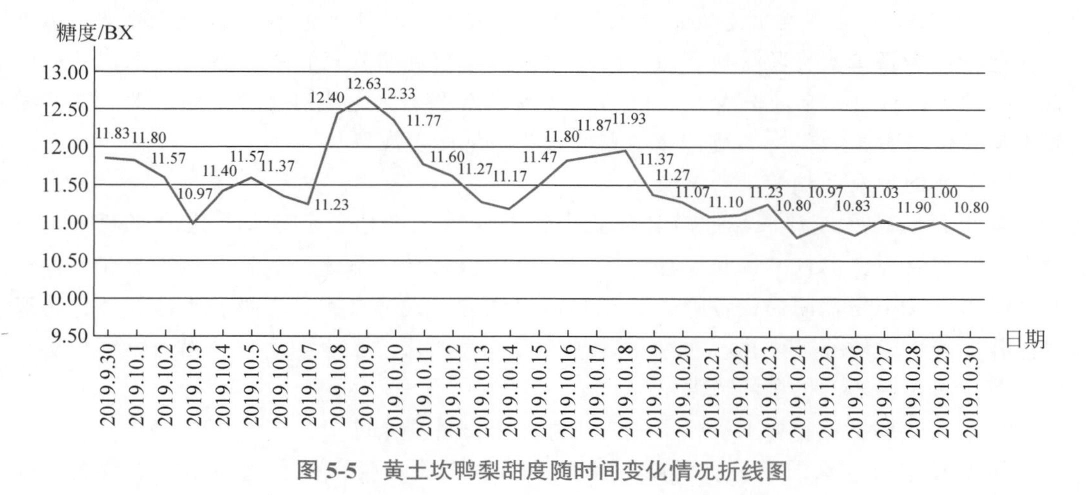

图5-5　黄土坎鸭梨甜度随时间变化情况折线图

（4）对麦饭石土壤的孔性、肥力状况及蚯蚓对其的趋避性的研究

指导学生对黄土坎村不同地点的土壤进行随机采样调查，研究当地富含麦饭石土壤的孔性、肥力特点及蚯蚓对其的趋避性等相关参数。结合实际的数据分析，对相关的土质进行了评价，并对不同土质参数之间的相关性进行了系统分析。结果表明，含麦饭石的土壤比不含麦饭石的普通黄土的土质好，且黄土坎的土质与此次所有对照土样相比是最好的；麦饭石土壤的孔性与蚯蚓的趋避性呈显著正相关，土质的优劣与土内麦饭石含量、土壤含水量也有关。

（5）黄土坎鸭梨营销推广规划的研究

通过实地走访调查的方式从当地村民及卖鸭梨的阿姨口中得知：鸭梨的糖分、营养成分、强身健体的能量物质都高于其他品种的梨。因此我们针对不同人群有着不同的销售方案，例如：中青年人主要网上销售途径，保障梨的品质等包装精美；中老年人订购运输送货到家，有鸭梨罐头等可供选择。通过这些调查研究得出主要针对中青年人群在网上重点销售，从而提高销量。

（6）关于北京市密云区不老屯长寿村调查

黄土坎村，被称为长寿村，位于北京市密云区不老屯镇。为探究村民长寿的原因，本组成员实地考察了当地的水质和自然环境。通过问卷调查和采访村民，我们进行了社会实践调查，分析了生活态度、水质和环境对长寿的影响。调查发现乐观的生活态度、良好的水质和改善的环境对村民长寿有积极作用。

4. 科技助农兴家乡产业，科学建议护生态环境

（1）学生依据研究成果提出保护生态环境的合理性建议

在实践活动中，学生们根据研究成果提出了生态保护建议，并有两项获得北京市中小学生科学建议奖，主要建议包括以下内容。

① 糖醋酒液可以吸引害虫，配合使用补虫器，可以进行捕抓害虫，并且糖醋酒液对环境无污染，对其他动植物也无影响，并且制作方便。经过调查和研究，得到了效果最好的一个糖醋酒液的配比为糖：醋：酒：水＝4：3：3：10。

② 黄土坎贡梨得益于麦饭石土壤，因此必须保护这种土壤不受破坏和污染。建议措施包括：加强工业废物管理，避免土壤污染；合理施用农药化肥，推广环保产品；对畜禽粪便和垃圾进行无害化处理；严格监管灌溉水源，优先使用处理后的水源。这些措施有助于保持贡梨的优良品质，支持当地农业的持续发展。

（2）帮助果农采摘黄土坎鸭梨

学生帮助果农进行采摘。学农体验安排与农事、农时紧密结合，这次课题研究与学农体验相结合，引入“工位”操作方式，分别从采摘、筛选、装箱等环节合理安排个人、小组以及小组之间的任务分工，预期通过这种方式将自立、自强、团结、协作的课程操作理念渗透给每名学生。对学生进行劳动教育，让学生体会到“一粥一饭，当思来之不易；半丝半缕，恒念物力维艰”。

（3）帮助果农售卖黄土坎鸭梨——让贡梨卖出科技味道

学生在密云万象汇商城，向路人推广介绍黄土坎鸭梨，并在现场指导小顾客们进行糖度检测的实验。在推广自己的实验结果的同时，宣传科学的实验方法。通过职业体验，训练学生接触社会、与人沟通的能力。本环节让更多人认识到家乡特产黄土坎鸭梨的优点，增强学生爱家乡，爱密云，爱祖国大好河山的情感。

三、活动反思

通过“密云黄土坎鸭梨科技实践活动”，学生们不仅深入理解了“人与自然和谐共生”的重要性，而且亲身参与到了生态文明建设中。活动以黄土坎鸭梨为纽带，引导学生从多学科角度探索家乡特色农产品背后的科学和文化，有效提升了学生们的环保意识和实践能力。活动过程中，学生们展现出了极高的参与热情和创新能力，从实地考察、

实验设计到数据分析，再到最终的论文撰写和成果推广，学生们全程投入，成果斐然。特别是提出的生物防治策略和麦饭石土壤保护措施，不仅体现了学生们的科研潜力，更为当地农业的可持续发展提供了切实可行的建议。总体而言，这次活动是一次成功的实践，它不仅增进了学生对家乡文化的认识，而且锻炼了他们的科研和实践能力。我们将吸取本次活动的经验教训，不断优化和改进，以期在未来的生态文明教育中取得更大的成效，为培养具有社会责任感和创新精神的新一代贡献力量。

案例分析

案例 3 将跨学科教学教育方法成功应用于实际教学活动中，以黄土坎鸭梨这一具有密云区特色的农产品为研究主题，引导学生从生物、地理、历史、政治、德育和劳动教育等多个学科方向进行综合、深入的研究。

在此次跨学科教学实践中，学生们接触并掌握了丰富的跨学科知识。在生物学领域，他们深入学习了光合作用的原理，探讨了光合作用对鸭梨生长周期和果实品质的影响，同时还比较了不同害虫防治方法的优缺点，为黄土坎鸭梨的病虫害防治提供了科学依据。在地理学方面，学生们通过农业区位分析，深入了解黄土坎地区种植鸭梨的自然条件和地理优势。此外，他们还结合历史和政治学科的知识，探讨密云区生态与城市发展的互动关系，以及黄土坎鸭梨在地方经济和文化中的地位和作用。

在教学方式上，教师打破了传统学科界限，鼓励学生将所学知识相互融合，形成全面的认知体系。通过跨学科融合的教学方法，学生们不仅掌握了课题研究的基本方法，还学会了如何设计实验方案、分组实施实验、收集和分析数据，以及撰写学术论文。这一过程不仅锻炼了学生的科研能力，也培养了他们的团队协作精神和创新意识。

学生们将所学知识应用于实际，为黄土坎鸭梨的生产提出了具有建设性的建议。他们积极参与到市场营销和推广活动中，利用所学知识和技能，为黄土坎鸭梨的品牌打造和市场拓展贡献了自己的力量。这一过程不仅增强了学生们的社会责任感和实践能力，也进一步提升了他们的创新能力和核心素养，为学生的全面发展提供了有力的支持。

四、问题导向教学方法

问题导向教学是一种以问题为中心的教学方法，通过引导学生提出和解决问题，培养学生们的批判性思维和创新能力。在生态文明教育课程中，可以引入一些真实的生态环境问题，让学生分析和探讨解决方案。通过小组合作和辩论，能够培养学生的合作精神和团队合作能力。问题导向教学方法可以激发学生的学习兴趣，提高他们对生态环境问题的认识和理解。在问题导向教学中，学生将成为主动的学习者，通过自主提问和探索，深入研究和理解复杂的生态环境问题。这种方法培养学生的批判性思维能力，使他们能够从多个角度思考问题，并提出创新的解决方案。同时，问题导向教学也促进了学生之间的合作和交流，通过小组合作和辩论，他们可以共同分析问题，相互分享思路和经验，从而提高团队合作和解决问题的能力。

案例4　守卫野生天鹅　保护家乡河流
——清水河流域湿地环境调查及水质检测生态文明实践活动

北京市密云区太师屯镇中心小学

一、活动选题

（一）活动背景

1. 前期活动

清水河位于密云水库流域，流经太师屯镇全域，是学生“校门口、家门口”的一条河流。针对清水河湿地的环保实践活动一直是太师屯小学的传统活动，学生定期到河边捡拾垃圾，劝阻垂钓者。

2. 发现野生白天鹅引发思考

2017年，细心的学生在清水河湿地发现了野生白天鹅、大雁、野鸭等水鸟。一只只野生白天鹅时而悠闲地整理羽毛，时而低头捕食，时而嬉戏，野趣盎然，成为清水河上一道靓丽的风景。学生们对此非常感兴趣，自发地对天鹅进行了观察和初步的调查研究。通过走访附近居民、发放调查问卷、询问家中父母长辈等方式，学生们得知，2005年后，随着清水河湿地环境的持续恶化，野生天鹅再也没有在清水河上出现过。近几年，随着相关部门对清水河的治理和保护，环境得到了很大的改善。“看起来漂亮多了”是大多学生的直观感受，学生自然地将天鹅的到来与观察到的环境改善联系起来，“捡拾垃圾，保护环境，守护天鹅”成了学生的普遍想法。

（二）成立保水护水小队

学校3~5年级学生在几位高年级学生的呼吁与辅导教师的帮助下，自发地成立了“保水护水小队”。天鹅的到来激发了学生对于环境保护的热情，队员在课余时间、放学后、周末节假日进行保水护水活动。

1. 实地考察湿地环境

2017年春季，辅导教师带领小队成员来到清水河湿地，对湿地环境进行了系统的远足考察。小队成员沿河道远足5km，在考察过程中，队员共发现野生天鹅18只，其他水鸟50余只。河边杨柳依依，百花盛开；河水清澈见底，小鱼成群。队员自然地将天鹅的到来与观察到的风光联系起来，提出了“一定是清水河的环境变好了，水质变好了，天鹅才回来”的猜想，通过直观的感受，学生自己解答了“天鹅为什么回来”的问题。但队员对于生态环境改善的理解大多还只停留在“看起来美观、整洁”这样的主观认识上，缺乏对于“生态环境”的整体客观认识。

2. 确定选题

在实地考察湿地环境的过程中，细心的队员也发现了乱丢的垃圾、钓鱼的人以及不文明的观鸟行为。在一处离河道不远的小池子，队员闻到了比较重的鱼腥味以及些许的臭味，水中有漂浮物和垃圾，并且小池子直接与河道相连，池中的水流入河中。

看到这些疑似污染的景象，队员不禁担心起来：“清水河的水质真的好吗？会不会把落脚休息的天鹅气走？如果能真正检测一下就好了。”辅导教师知道队员的想法后，帮助队员联系了镇河长办和区生态办。最终，生态办不仅给小队带来了一台“多参数水质分析仪”，并且派出专家辅导队员检测，河长办也派出工作人员做保水护水小队的“向导”，并带领队员走进水务所，向队员讲解了镇政府所开展的湿地恢复和保护工程，带领大家参观了清水河流域重要节点工程。

至此，保水护水小队确定了选题，在社会有关部门的关注和帮助下，着手开始以“守卫野生天鹅，保护家乡河流”为主题，针对清水河流域湿地环境的调查及水质检测科技实践活动。

二、活动设计

选题确定后，小队成员和辅导教师一起讨论并设计活动，师生共同提出观点，共同讨论。由于检测水质的专业性相对较强，队员一起查阅资料，了解水质检测的相关资料、学习水质检测仪的使用方法，边学习边设计。必要时，辅导教师进行讲解，专家进行专业知识的指导和答疑。通过画思维导图的方式，活动设计逐渐统一。

（一）确定研究问题

利用多参数水质分析仪检测清水河水质。

（二）确定活动步骤

取水→检测→统计分析→得出结论。

（三）活动准备

（1）知识准备：了解水质检测的相关知识及水质检测仪工作原理，学习多参数水质分析仪规范使用方法。

（2）物料准备：多参数水质分析仪、照相机、矿泉水瓶、蒸馏水、细绳。

（四）活动实施

（1）取水：随行的河长办工作人员与队员们确定四个取水点：滚水池 1（水草较少）、滚水池 2（水草茂盛）、中水池（有鱼腥味的池子）、上金山河段。

（2）检测水质：检测溶解氧、氨氮、铁、铬、锰指标。

（3）统计分析：进行实验数据分析，部分结果如图 5-6 所示。

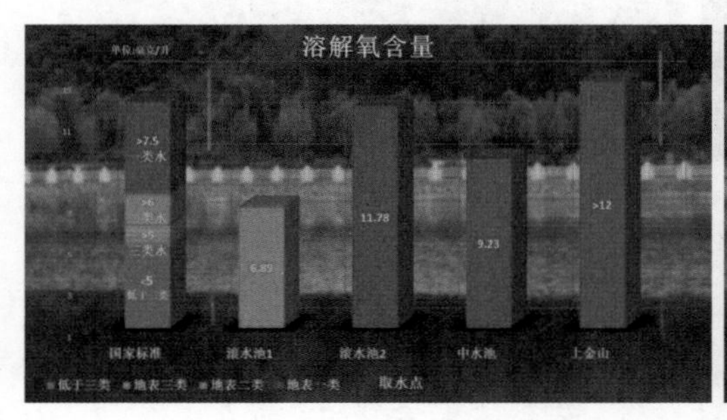

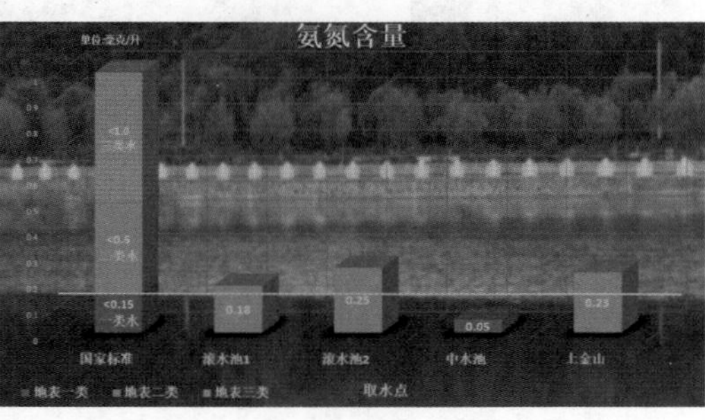

图 5-6　实验数据分析

（4）得出结论：对比过国家标准，四个取水点的溶解氧、氨氮、铁、铬、锰五项指标均达到了国家二类地表水的标准。

（5）总结交流：检测以及分析结束后，师生一同对活动进行了总结交流。清水河拥有较好的水质和优良的环境，才吸引天鹅来此栖息，良好的生态环境需要保持与呵护，这样才能给天鹅更好的栖息环境。队员们讨论决定，继续开展“守卫野生天鹅，保护家乡河流”的环保宣传活动。队员们分工合作，制作保护湿地主题的海报、展板，制作并发放保护天鹅倡议书，制作《我为家乡测河流》主题纪录片，开展了“以小带大，倡议环保”为主题的综合实践活动，分年级举办“天鹅为什么会来”主题分享会，增强了全校学生的环境保护意识。此外开展“我给父母讲环保”的活动，队员们把实践活动的过程、感受和检测结论绘声绘色地讲给父母听，不仅增强了他们的环境保护意识，还带动了学生家长共同参与，生态环保意识就此得到了扩散。最后，通过拍摄纪录片，提高了学生们对生态文明的了解，正确树立了“绿水青山就是金山银山”的发展观。家乡的清水河流进千家万户，环保意识更是住进了更多人的心中。

三、活动成果

通过完整的科学探究活动，培养队员们自主科学探究能力和严谨的科学态度，提升了队员们科学思维水平，与此同时提升了队员们小组合作能力。在系列活动中，“绿水青山就是金山银山”的环保理念、生态环境的意义和保护生态环境的重要性扎根了队员的心里，并产生了“以小带大”的扩散效应，附近村民保护环境的意识在逐渐提高。在每周一次的“清理河岸”活动中，队员们发现河边的垃圾在逐渐减少，钓鱼的人也少了许多。家长们在队员的带动下，也当起了“保水护水志愿者”，在工作之余和队员们一起进行保水护水活动。队员们联合校园电视台的小记者们制作了“我为家乡测河流”主题纪录片并在全校家长会时播放，学生同家长一起观看，此纪录片获得全国科学影像节二等奖，北京国际科学影像节一等奖、最佳导演专项奖，并在北京市及全国平台展播，如图 5-7 所示。

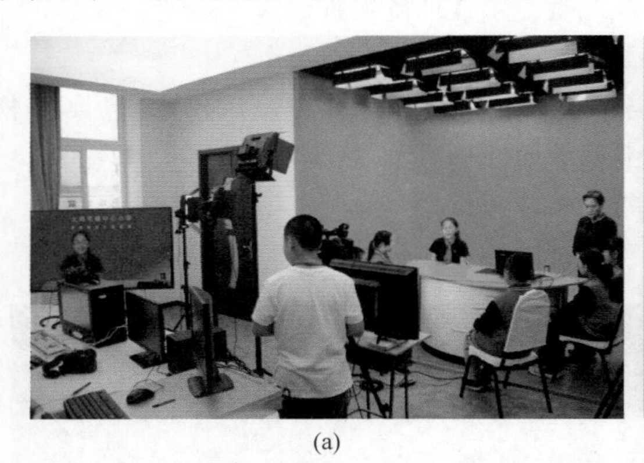

(a)

生活周刊

我为家乡测河流

小苗

家有虎爸

(b)

图 5-7　制作“我为家乡测河流”主题纪录片

四、总结反思

（一）本实践活动的优点

（1）本实践活动做到真正的“以学生为主体”，符合学生学习的全面发展需求。学生自主提出问题并展开讨论，获得支持后亲自策划活动方案，随后组成小组实施计划，亲自宣传环保知识。教师在实践活动过程中充当支持者、引导者，为学生提供检测仪器，组织学生外出等帮助，以及在学生遇到检测过程不规范、可能得不到准确结果时引导学生寻找问题并解决问题。

（2）活动目的明确，方案设计合理。本次科技实践活动是以科学探究活动为主体的实践活动。队员们产生猜想后针对猜想设计方案、进行实践、统计分析数据、论证猜想，整个探究活动紧紧围绕着“有可能是清水河的环境和水质变好了，所以天鹅回来了”这一猜想，目的非常明确。队员们选取视觉、嗅觉感官不同的上、中、下游河段作为取水点，提升了证据的可靠性，从而能更好地证明猜想到底是否正确。

（3）活动紧密联系学生生活实际，得到社会广泛合作和参与。队员们每天上学都会经过的清水河，有一天来了一群天鹅，队员们对于这种现象非常好奇，想去搞明白天鹅来的原因，是这种内驱力催生了本次科技实践活动。

（二）本实践活动的不足之处

（1）水质检测项目不够全面，取水点不够多。活动中只检测了溶解氧、氨氮、铁、铬、锰这五种指标，其实还可以检测 pH 值，硫酸盐等多种指标，这样，对水质的评估会更加全面。

（2）上金山河段中溶解氧和铁含量高的原因也没有充分验证，可以引导并帮助学生们继续探究。

案例分析

案例 4 是一次典型的以学生为主导的实践活动，充分运用了问题导向教学方法，深刻体现了学生自主探索、团队协作和创新能力培养的重要性。

在这个案例中，学生们从日常生活中发现问题，积极寻求答案，并成功地将所学知识与现实生活紧密结合。这次实践活动的起点是学生们每天必经的清水河。某一天，一群美丽的天鹅意外地出现在了清水河的河面上，它们或悠然游弋，或低头觅食，优雅的姿态吸引了众多学生的目光。然而，学生们并没有仅仅停留在欣赏的层面，他们内心深处涌起了一股强烈的求知欲和好奇心：这些天鹅为何会选择在这里栖息？是水质优良、食物丰富，还是其他什么原因？这种强烈的求知欲和好奇心成了学生们开展科技实践活动的强大内驱力。

在活动的筹备和实施过程中，学生们充分发挥了其主体作用。他们自行组队，共同讨论并制定活动方案，从确定研究主题、设计实验方法，到收集数据、分析结果，每一个环节都充满了他们的智慧和汗水。教师在这一过程中扮演了支持者和引导者的角色。当学生们在检测过程中遇到操作不规范、数据分析不准确等问题时，教师及时给予指导和帮助，引导他们发现问题、分析问题并寻找解决方案。

通过这次实践活动，学生们学会了用科学的方法去探究问题，用理性的态度去分析现象，用创新的思维去解决问题。他们不仅深入了解了天鹅的栖息习性，还掌握了水质检测、数据分析等科研技能。学生们不仅锻炼了自己的动手能力和团队协作能力，还培养了批判性思维和创新能力。

第四节　生态文明教育研究方法

除去前述提及的生态文明教育教学手段之外，还应紧密结合生态领域的各类研究方法、科学思维方法以及项目式研究方法等，设计外出实践活动。本节将从生态领域研究方法、科学思维研究方法和项目式研究方法三个不同的维度出发，全面介绍了生态文明教育的研究方法，提供了一套完整且系统的研究框架。这些研究方法不仅为生态文明教育的研究提供了有力的支持，也为教育实践提供了有益的借鉴和启示。

一、生态领域研究方法

在生态领域研究方法中，本书强调了生态学的基本理念在教育研究中的应用，详细阐述了如何通过观察、实验和模拟等手段，对生态系统中的各种现象进行深入分析，进而为生态文明教育提供科学依据。

生态领域的科学研究方法旨在深入理解生 t 态系统的结构、功能和动态变化。具体的研究方法如表 5-1 所示。

表 5-1　生态领域研究方法

方　法	内　容
观察法	直接观察法：生态学家直接观察生态系统中生物种群的数量、分布、行为和生态关系等，以获取第一手数据
	野外调查和标记：通过观察和记录物种和环境特征来收集数据，标记方法可以用来追踪动物个体或物种的运动、生命周期和行为
测量法	涉及对生态系统中特定生物或环境因素的数量、质量和动态进行测量和描述，以量化生态系统的各种特征
实验法	实验室实验：在受控的环境下对生态系统中的生物和环境因素进行精确的控制和操作，以观察和分析其影响
	野外实验：在自然环境中进行人工干预，观察对生态系统的影响，这有助于在更真实的环境条件下研究生态学问题
GIS 与遥感技术	GIS（地理信息系统）用于处理和分析地理空间数据
	遥感技术通过遥感图像获取地表物质和环境参数的信息，以支持生态学研究 遥感法涉及使用卫星图像或其他技术来获取关于生态系统的全球信息
数据分析法	对生态系统中的数据进行收集、整理和分析，以发掘生态系统中的规律和模式 常用的分析方法包括描述统计、方差分析、回归分析、聚类分析、生物多样性指数计算等 一种将多个研究结果进行综合分析和解释的方法，用于检测和分析研究之间的异质性、提取更准确的效应值、评估研究质量等

以上方法并非相互独立，而是相互交织、相互补充的。生态学家通常会根据研究目的和研究问题，选择合适的一个或多个方法来进行研究。这些方法和技术为生态学研究提供了有力的科学依据和工具，有助于我们更好地理解和保护生态系统。图 5-8 所示为生态领域主要元素的研究方法。

（一）土壤研究方法

户外调查取样方法在多个领域中都有着广泛的应用，包括地理学、生态学、土壤学、农业研究等。表 5-2 是一些常见的户外调查取样方法，结合相关信息进行介绍。

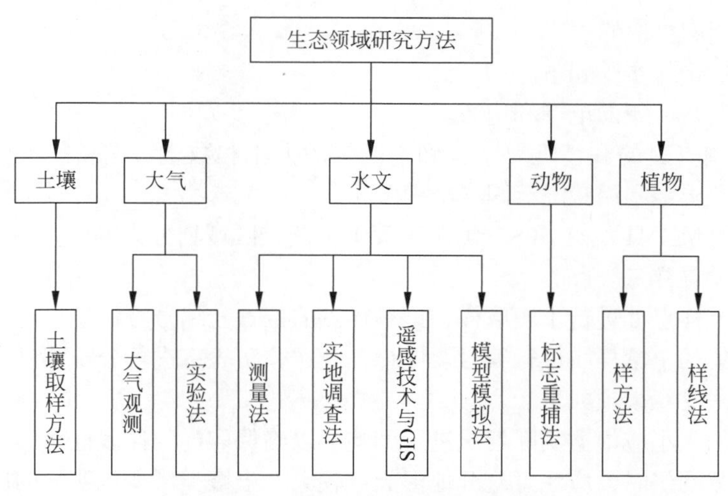

图 5-8 生态领域主要元素的研究方法

表 5-2 土壤取样方法主要研究方法

采样方法	原 理	应用场景	示 例
网格取样法	将样本区域划分为网格，在每个网格中选择采样点进行取样	适用于样本区域比较均匀的情况	
五点取样法	在划定的范围内，选择五个具有代表性的采样点进行取样	适用于小范围或特定区域的土壤调查	
土壤剖面取样法	通过挖掘土壤剖面，观察不同层次的土壤特性并取样	适用于详细研究土壤层次结构和特性的情况	采样位置 1 2

1. 网格取样法

网格取样法是一种系统性的取样方法，它将整个调查区域划分为若干个大小相等的网格，然后在每个网格内选择代表性的样点进行取样。这种方法可以确保整个区域被均匀地覆盖，从而获取更全面的数据。网格取样法特别适用于面积较大、地形平坦且土壤特性相对均匀的区域。例如，在农田、草原、林地等区域进行土壤养分及污染状况等调查时，可以采用网格取样法。

网格取样法操作步骤如下。

（1）确定调查区域的范围和边界。

（2）根据调查目的和精度要求，确定网格的大小和数量。网格的大小通常根据地形、土壤类型和土地利用状况等因素来确定。

（3）使用测量工具（如 GPS、测距仪等）将调查区域划分为网格，并在每个网格的角点或中心点设置样点。

（4）在每个样点处进行土壤取样，记录样点的位置、编号等信息。

（5）将采集的土壤样品进行编号、保存，并送往实验室进行分析测试。

网格取样法注意事项如下。

（1）网格的大小应根据实际情况进行调整，以确保取样的代表性。

（2）在划分网格时，应注意避开地形起伏较大、土壤类型变化明显的区域。

（3）在取样过程中，应注意避免重复取样或遗漏样点。

2. 五点取样法

五点取样法是一种常用的随机取样方法，它在划定的范围内选择五个具有代表性的点进行取样。这五个点的位置可以是随机选择的，也可以是按照一定的规律（如对角线、梅花形等）选择的。五点取样法适用于面积较小、地形复杂或土壤特性变化较大的区域。例如，在农田、果园、菜地等区域进行土壤养分及病虫害等调查时，可以采用五点取样法。

五点取样法操作步骤如下。

（1）确定调查区域的范围和边界。

（2）在调查区域内选择五个具有代表性的点作为样点。

（3）在每个样点处进行土壤取样，记录样点的位置、编号等信息。

（4）将采集的土壤样品进行编号、保存，并送往实验室进行分析测试。

五点取样法注意事项如下。

（1）样点的选择应具有代表性，能够反映整个区域的土壤特性。

（2）在取样过程中，应注意避免重复取样或遗漏样点。

（3）如果调查区域较大或土壤特性变化较大，可以适当增加样点的数量以提高取样的准确性。

3. 土壤剖面取样法

土壤剖面取样法是通过对土壤剖面的挖掘和观察，了解土壤层次结构、颜色、质地等特性，并在不同层次中采集土壤样品的方法。土壤剖面取样适用于需要详细了解土壤层次结构和特性的情况。例如，在土壤分类、土壤改良、土地利用规划等领域中，需要进行土壤剖面取样以获取准确的数据。

土壤剖面取样法操作步骤如下。

（1）选择具有代表性的地点进行土壤剖面的挖掘。地点的选择应考虑土壤类型、地形、植被等因素。

（2）使用挖掘工具（如铲子、土壤刀等）挖掘土壤剖面，并记录剖面的层次结构、颜色、质地等特性。

（3）在每个层次中采集具有代表性的土壤样品，放入清洁的容器中，并标记样品的层次和编号。

（4）将采集的土壤样品进行编号、保存，并送往实验室进行分析测试。

土壤剖面取样法注意事项如下。

（1）挖掘土壤剖面时，应注意不要破坏剖面的层次结构。

（2）在采集土壤样品时，应确保样品的代表性，避免混入杂质或受到污染。

（3）在保存和运输土壤样品时，应注意避免样品受到损坏或变质。

（二）大气研究方法

大气研究方法在大气科学领域扮演着至关重要的角色，这些方法有助于我们深入了解大气的结构、组成、物理现象、化学反应和运动规律（表 5-3）。

表 5-3　大气研究方法主要研究方法

方　法	原　　理	应 用 场 景
大气观测法	大气观测法是指通过各种观测手段收集大气中的各种物理、化学和生物参数，以了解大气的状态和变化规律的方法。这些观测手段主要包括地面观测站、卫星遥感、飞机探测、雷达观测等。大气观测法基于大气中存在的电场强度、电离粒子等物理现象，通过测量这些物理量的变化，得出有关大气电场分布和特征的信息	a. 天气预报和现象解释：大气观测数据是天气预报的重要依据，可用于预测降雨、风暴等天气现象的发生，并解释天气现象的发生原因 b. 气候研究和模拟：长期的观测数据可以揭示气候的变化和趋势，为气候研究和模拟提供重要依据 c. 大气科学研究：用于研究大气层的结构、大气中的电离程度和电场变化对地球气候和环境的影响等 d. 环境监测：通过观测大气中的污染物浓度、颗粒物分布等，评估环境质量，为环境保护提供数据支持
实验模拟法	实验模拟法是一种通过模拟真实情况或实验来进行推断或研究的方法。它基于人工建立的模型，通过对模型进行操作和观察来推测现实世界中相似情况的结果。在大气科学中，实验模拟法通常用于模拟大气现象或过程，如气候变化、空气污染扩散等	a. 大气现象研究：通过模拟大气中的物理、化学过程，研究大气现象的发生机制和影响因素 b. 气候变化预测：利用数值模型模拟大气、海洋和陆地系统的相互作用，预测未来气候变化趋势和可能的影响 c. 政策评估：通过模拟不同政策干预下的经济、社会和环境变化，评估政策的可行性和效果 d. 工程设计和评估：在建筑、交通等领域，利用实验模拟法评估设计方案在特定环境下的性能和影响

1. 大气观测法

大气观测是通过各种观测手段和仪器直接测量大气中的各种物理、化学和气象参数的过程。这种观测可以在不同的时间和空间尺度上进行，包括地面观测、空中观测和遥感观测。

（1）地面观测是通过地面气象站进行的，这些气象站配备了各种仪器来测量温度、湿度、气压、风速、风向、降水等气象要素。这些观测数据为天气预报、气候分析和大气科学研究等提供了基础数据。

地面观测的操作步骤如下。

① 确定观测站点：选择具有代表性的地理位置作为观测站点，考虑区域的气候特征、污染源分布以及地形地貌等因素。

② 选择观测设备：根据观测需求选择合适的设备，如温度计、湿度计、气压计、风速风向仪等。

③ 安装与校准：在观测站点安装设备，并进行必要的校准，确保测量数据的准确性。

④ 数据采集：按照预定的时间间隔和频率，记录观测数据。

⑤ 数据处理与分析：对采集到的数据进行处理和分析，提取有价值的信息。

（2）空中观测主要利用气象探空技术，将气象观测仪器搭载在探空气球、飞机或无人机等平台上，以获取大气在不同高度层的数据。这种观测方法能够揭示大气的垂直结构，对理解大气环流、云和降水过程等具有重要意义。

空中观测的操作步骤如下。

① 准备探空设备：选择适合的探空仪器，如无线电探空仪、雷达等，并进行检查和校准。

② 放飞探空仪器：在观测站点放飞探空气球或使用无人机、飞机等搭载探空仪器，进行空中观测。

③ 接收与处理数据：通过地面接收站接收探空仪器传输的数据，并进行处理和分析。

（3）遥感观测通过卫星或地面遥感设备，利用电磁波谱的不同波段来探测大气中的物理和化学特性。这种方法能够实现对大气长期、大范围的连续监测，对气候变化、大气污染等问题的研究具有重要意义。

遥感观测的操作步骤如下。

① 选择遥感平台：根据观测需求选择卫星、地面遥感车或无人机等遥感平台。

② 设定观测参数：确定需要观测的大气参数，如温度、湿度、云量、气溶胶浓度等。

③ 数据采集：利用遥感平台的传感器收集大气数据。

④ 数据处理与分析：对遥感数据进行处理和分析，提取大气参数信息。

2. 实验模拟法

实验模拟是通过在实验室或计算机中模拟大气现象的过程，以研究其机制和规律。这种模拟方法可以模拟大气中的物理、化学和动力过程，并揭示这些过程之间的相互作用。

实验室模拟是在实验室环境中模拟大气现象的过程。例如，通过模拟气候变化实验，可以研究不同温室气体浓度对气候系统的影响；通过模拟大气污染实验，可以研究污染物的排放、传输和转化过程。这些实验室模拟实验有助于我们深入理解大气现象的物理和化学机制。

实验室模拟法的操作步骤如下。

（1）明确研究问题：确定实验室模拟的目的和研究问题。

（2）设计实验方案：根据研究问题设计实验方案，包括实验装置、实验条件、实验步骤等。

（3）准备实验设备：准备所需的实验设备、材料和试剂。

（4）进行实验：按照实验方案进行实验，记录实验数据。

（5）数据分析与解释：对实验数据进行处理和分析，解释实验结果，并验证或修正假设。

3. 数值模拟法

数值模拟是利用计算机模型对大气现象进行模拟和预测的方法。通过运用大气动力学、热力学、化学等原理，建立数值模型并进行数值计算，可以模拟大气的运动规律和气候变化趋势。数值模拟方法具有高效、灵活和可重复性的特点，能够模拟复杂的大气现象，并为天气预报和气候预测提供重要支持。

数值模拟法的操作步骤如下。

（1）明确研究目的：确定数值模拟的研究目的和要解决的科学问题。

（2）选择或开发模型：选择适合研究目的的数值模型，或根据需求开发新的模型。

（3）设定模型参数：根据观测数据和先验知识设定模型的初始条件、边界条件和参数。

（4）运行模型：在计算机上运行模型，模拟大气现象或过程。

（5）结果分析与验证：对模拟结果进行分析和解释，验证模型的有效性和可靠性，并用于天气预报、气候预测等实际应用。

（三）水文研究方法

水文研究方法是指在水文学领域中进行研究时所采用的一系列科学方法和技术手段。这些方法旨在深入理解和分析水文现象，包括降水、径流、蒸发、地下水流动等，以及它们之间的相互作用和变化规律。

1. 仪器测量法

仪器测量法在水文户外研究中占据了重要地位，它通过使用各种专业的测量仪器来获取水文数据。常见的仪器包括以下三种。

（1）水位计：用于测量水体的水位，包括浮子式水位计和压力式水位计等。这些仪器具有测量范围广、精度高、耐用等优点。

（2）流速计：用于测量水流的速度，从而计算出河流或管道中的流量。常见的流速计有电磁流量计、涡街流量计和超声波流量计等。

（3）水质分析仪：用于测量水体中的各种物理、化学和生物参数，以评估水质的优劣。常见的水质分析仪包括多参数水质分析仪、溶解氧测量仪和 pH 测量计等。

2. 实地调查法

实地调查法是通过实地观察和记录来获取水文信息的方法。它通常包括以下几个步骤。

（1）选择调查区域：根据研究目的和范围，选择合适的调查区域。

（2）制订调查计划：明确调查目标、调查内容和调查方法，并制订相应的调查计划。

（3）实地调查：按照调查计划进行实地调查，记录相关水文数据，如水位、流速、水质等。

（4）数据整理与分析：对收集到的数据进行整理和分析，提取有价值的信息。

3. 遥感与 GIS 技术应用

遥感与 GIS 技术在水文户外研究中发挥着越来越重要的作用。它们通过获取和处理地球表面的遥感影像和地理信息数据，为水文研究提供重要的数据源和分析工具。

（1）遥感技术：通过卫星、飞机等遥感平台获取地球表面的遥感影像，可以用于监测地表水资源分布、土地利用变化、植被覆盖等情况。除此之外，遥感技术还可以提供地表温度、土壤湿度等参数，为水文研究提供重要依据。

（2）GIS 技术：地理信息系统（GIS）是一种专门用于地图制图和数据分析的技术。它可以将各种信息整合起来，构建地图和数据模型，并进行分析和处理。在水文研究中，GIS 技术可以与遥感技术结合使用，深入分析土地资源、植被分布、地形高程、土壤类型、气象环境等相关因素，为水文模拟和预测提供支持。

4. 模型模拟法

模型模拟法是通过建立数学模型来模拟和预测水文过程的方法。常见的模型模拟法包括物理模型和水文模拟技术等。

（1）物理模型：物理模型是通过实验数据和数学公式建立起来的反映物理或工程过程的模型。在水文研究中，物理模型可以用于模拟流域水文学环境的物理过程，如降雨径流过程等。通过对物理模型的模拟和分析，可以更好地理解水文过程的机制和规律。

（2）水文模拟技术：水文模拟技术是一种基于数学模型的水文研究方法。它可以通过对流域水文学环境的物理描述和数学建模，实现对水文过程的模拟和预测。水文模拟技术在水资源管理和防洪预报等方面具有广泛的应用价值。

综上所述，仪器测量法、实地调查法、遥感与 GIS 技术以及模型模拟法都是水文户外研究中常用的方法。它们各有特点和应用范围，在实际研究中可以根据具体的研究需求选择合适的方法或方法组合来进行水文研究。

（四）动物研究方法

标志重捕法是一种生物统计方法，用于对活动能力强、活动范围较大的动物种群及密度进行粗略估算。这种方法特别适用于哺乳类、鸟类、爬行类、两栖类、鱼类等动物。它基于自由活动的生物在一定区域内被调查与自然个体数的比例关系，对自然个体总数进行数学推断，从而估算出种群密度。

标志重捕法操作步骤如下。

（1）选择捕捉区域与标记：完全随机选择一定空间进行捕捉，确保选择的区域没有过多的主观选择；捕获一部分个体，并对这些个体进行标记。标记的个体数量为 M。标记过程应确保不会对动物的正常生命活动及其行为产生任何干扰，并且标记不会在短时间内损坏或影响动物再次被捕捉。

（2）混合与重捕：等待一段时间后，让被标记的个体与种群中的其他个体完全混合。回到原捕捉空间，用同样的方法再次捕捉动物。此次捕捉的动物数量为 n。在新捕捉的动物中，统计被标记的个体数量，记为 m。

（3）计算种群密度：使用理论计算公式 $N=M\times(n/m)$ 来计算种群密度。其中，N 代表种群总数；M 代表第一次捕捉并标记的个体数；n 代表第二次捕捉的个体数；m 代表第二次捕捉中被标记的个体数。

（4）多次试验与平均值：为了提高估算的准确性，可以多次进行上述步骤，并计算平均值作为最终的种群密度估算值。

标志重捕法注意事项如下。

（1）选择的区域必须随机，不能有太多的主观选择。

（2）对生物的标记不能对其正常生命活动及其行为产生任何干扰。

（3）标记不会在短时间内损坏，也不会对此生物再次被捕捉产生任何影响。

（4）重捕的空间与方法必须同上次一样。

（5）标记个体与自然个体的混合所需时间需要正确估计。

（6）对生物的标记不能对它的捕食者有吸引性。

（五）植物研究方法

1. 样方法

样方法是一种常用的生物统计方法，主要用于估算植物种群密度或数量，也可以用于某些活动范围小、活动能力弱的动物种群密度的估算。该方法通过随机取样，对样方内的个体数量进行统计，进而根据样方的统计结果来估算整体种群的数量或密度。样方法具有简单易行、结果较为准确等优点，是生态学研究和自然资源调查中常用的方法之一。

样方法实验步骤如下。

（1）确定研究区域和样方大小：首先明确研究区域，即需要估算种群密度或数量的范围。根据研究目的和物种特性，确定样方的大小和形状。样方的大小应适中，太小则代表性不足，太大则操作困难。

（2）随机取样：在研究区域内，采用随机或系统抽样的方法选择样方。随机抽样可以保证样方的代表性，避免主观偏差。

（3）统计样方内个体数量：对每个选定的样方进行详细的调查，统计样方内的个体数量。注意区分不同物种或不同生长阶段的个体，确保统计的准确性。

（4）计算种群密度或数量：根据样方的统计结果，计算每个样方的种群密度或数量。种群密度通常指单位面积或单位体积内的个体数量。取所有样方的种群密度或数量的平均值，得到研究区域的平均种群密度或数量。

（5）分析数据并得出结论：对统计数据进行整理和分析，绘制图表或表格，以便更直观地展示结果。根据分析结果，得出结论并解释研究区域的种群密度或数量特征，同时注意讨论可能的影响因素和误差来源。

样方法注意事项如下。

（1）确定适合的调查对象和随机取样：样方法常用于植物和活动能力弱、活动范围小的动物，如昆虫卵的密度、作物植株上蚜虫的密度等。在选取样方时，需要按要求随机取样，不能主观选择，以确保结果的代表性。

（2）样方的个数和大小：样方的个数要依总面积大小而定，总面积大的可以多选一些，以保证结果的准确性。同时，样方的大小也需要根据调查的植物或动物类型来确定，例如乔木的样方面积可能较大，而草本植物的样方面积则相对较小。

（3）计数原则：在计数时，若有正好长在边界线上的个体，应只计数样方相邻两条边上及其顶角的个体，以避免重复计数或遗漏，这一原则有助于确保计数结果的准确性。

通过以上步骤和注意事项，样方法可以帮助我们准确地估算植物种群密度或数量，为生态学研究和自然资源管理提供科学依据。

2. 样线法

样线法主要用于分析植物群落结构，特别是在逐渐过渡的群落结构中。它通过在植物群落内或穿过几个群落设置一条直线（样线），沿线记录遇到的植物种类和数量，从而分析群落的组成、结构、多样性等特征。样线法不仅适用于草本植物群落，也适用于灌木和乔木群落。

样线法实验步骤如下。

（1）样线的设置：主观选定一块代表性地段，并在该地段的一侧设一条线（基线）。沿基线用随机或系统取样选出待测点（起点）。根据不同的植物类型，选择适当长度的样线，例如：草本取 6 条 10m 样线；灌木取 10 条 30m 样线；乔木取 10 条 50m 样线。

（2）样线的记录：沿样线两侧一定范围内（如 0.5m）记录遇到的每种植物的个体数（N）。记录时，注意区分不同物种，并尽可能详细记录每个物种的特征，如高度、盖度等。

（3）数据分析：对记录的数据进行整理和分析，计算每个物种的频度、密度、相对频度、相对密度等指标。根据分析结果，绘制物种分布图、多样性指数图等图表，以直观展示群落的结构和特征。

（4）结论与讨论：根据数据分析结果，得出关于群落结构、物种多样性等方面的结论。讨论可能的影响因素，如环境因子、人为干扰等，以及未来可能的变化趋势。

样线法注意事项如下。

（1）在设置样线时，应确保样线能够覆盖到不同生境类型和植物群落类型，以保证数据的代表性。

（2）在记录数据时，应尽可能详细和准确，避免主观误差和遗漏。

（3）在数据分析时，应选择合适的统计方法和指标，以准确反映群落的结构和特征。

通过以上步骤和注意事项，样线法可以为我们提供关于植物群落结构和多样性的详细信息，为生态学研究和自然资源管理提供重要依据。

案例 5 “树”说生态，护树在行动
——密云新城子古树调查实践活动

密云区青少年宫　孔海燕

首都师范大学附属密云中学　曹丽娜

一、活动背景

党的二十大报告强调了人与自然和谐共生的重要性，并将其作为中国式现代化的核心内容之一。报告提出，我国新时代生态文明建设的战略任务，总基调是推动绿色发展，促进人与自然和谐共生，要实现山水林田湖草沙的一体化保护和系统治理，同时应对气候变化，促进生态优先和绿色低碳发展。根据中共中央、国务院《关于加快推进生态文

明建设的意见》，加强自然保护区和重要生态系统的保护是关键，特别是对珍稀濒危物种和古树名木的保护。《国家教育事业发展“十四五”规划》也强调了培养学生生态文明素养的重要性，认为这有助于实现立德树人的教育目标，学生是生态文明建设的主力军。

首都师范大学附属密云中学作为北京市中小学科技示范校，开展了“树”说生态，护树在行动——密云新城子古树调查实践活动，旨在提升学生的生态文明素养，并通过实践活动增强对古树的了解和保护意识。密云区拥有丰富的林地资源和1206棵记录在册的古树，这些古树不仅是历史的见证，也是生态文明的重要组成部分。通过此次活动，学生们学习了科学研究的方法和技巧，为保护古树和推动密云区的生态及经济发展做出了积极贡献。

二、活动设计

（一）学情分析

学生们虽然生活在拥有丰富古树资源的密云地区，但对于这些古树的保护意识和行动却相对薄弱。他们可能听说过古树的重要性，但对于如何具体参与保护工作，以及密云区近年来在古树保护方面所采取的措施了解不多。学生们对古树的欣赏往往停留在其美丽的外观和悠久的历史，而缺乏对古树生态价值和文化意义的深入理解。此外，尽管学校教育强调了生态文明建设的重要性，但学生们在将这些理念转化为实际行动方面仍存在一定的差距。

为了提高学生的保护意识和参与度，实践活动是关键。通过参与古树的调查和保护活动，学生们能更深刻地理解古树的生存挑战和保护的科学方法。这样的活动不仅加深了他们对古树价值的认识，也激发了他们对生态和文化传承做贡献的热情。教育者应提供专业指导和实践机会，帮助学生在保护古树的实践中成长，为保护生物多样性和文化遗产做出贡献。

（二）活动目标

此次科技实践活动是一个多学科融合的综合探究活动，以高中的生物、物理、化学、地理、历史、政治、信息等多学科的学科知识为背景，引导高一新生进行课题研究，由各个学科任课老师负责指导。以新城子古树为切入点，从古树的前世、今生和未来三个方向设置三个小专题：追溯历史，探究古树长寿秘密（政治、历史）；运用TRU树木雷达和picus弹性波树木断层画像诊断装置检测古树的空洞情况（生物、物理、信息）；古树保护技术、古树附近土壤检测（生物、地理、化学）以及古树保护宣传。从不同角度入手，遵循学科教学、研究性学习与实践活动相结合、劳动教育与德育教育相结合、校内活动与校外活动相结合、师生交流与生生传承相结合等原则，更为深入、切实地引导学生自由全面发展，提升学生的探究意识及科研能力，引导学生树立严谨的科研精神。

（1）通过前期的资料查询，设置情境引导学生提出问题、确定研究课题的方向、并依据问题设计访谈提纲和调查方案，提升学生文献阅读能力、信息整理能力、实验设计能力。

（2）通过对新城子古树系列活动的展开，促进学生掌握不同学科的科学知识。理解影响古树生长的内因和外因、了解古树保护的措施，对比不同树洞填充技术的优缺点，感受密云人民为保护古树所做出的贡献，体会密云区生态保护与城市发展之间的关系等。

（3）通过科技探究活动，学生了解古树保护的课题研究的一般方法，分组完成实验，对实验数据进行分析，并提出问题引发思考，让学生亲历科研的整体过程，充分培养学生的科学探究能力、综合实践能力、创新能力等能力。

（4）面向学校进行宣讲汇报，让更多的学生了解科研小组同学的研究结果，让了解古树保护的价值和意义，号召更多的人参与到保护古树中。

（5）通过本次活动，促进教师发展，提升教师的科研能力，推动教师把创新能力培养融入学科教学，学科教学的理论为实践活动提供知识基础保障，活动研究成果为学科教材提供资源与素材。

（三）活动重难点

1. 活动重点

此次活动的核心是培养学生的跨学科综合实践能力，通过实际参与古树保护的各个环节，让学生在实践中深入理解并应用多学科知识，提升科研探究和创新能力。

2. 活动难点

如何确保学生能够在多学科融合的复杂情境中，有效地整合不同学科的知识和技能，形成对古树保护全面而深入的理解，并在实践活动中展现出独立思考和解决问题的能力。

（四）活动准备

（1）科学实验用具：TRU 树木雷达、picus 弹性波树木断层画像诊断装置、土壤检测仪、GPS 定位系统、环刀、取土器落锤、直尺、手机、计算机等。

（2）访谈调研用具：访谈问卷、摄像机、录音笔等。

（3）教师提前踩点调查。

（五）活动过程

1. 确定调查方向阶段

（1）活动的缘起：从生活实际引出调查课题，认识古树、了解古树的价值、宣传保护古树，以“古树保护”为主题，面向全校学生征集课题研究项目。

（2）初识古树：给学生推送公众号和视频，让学生认识、了解古树，并尝试思考研究方向。

（3）学生提出研究问题：发动学生集体的智慧，思考提出可以研究的方向，学生比较踊跃，提出了几十个课题方向，例如：密云有多少古树，如何分布；古树周围的土壤对古树生长的影响；新城子九搂十八杈能活 3500 年的原因；探究当前古树的生长状况等。

（4）教师、专家团队进行前期实地考察：为了确保活动的科学性和实效性，活动前我校生物、地理、历史、政治、化学、物理分别派出经验较丰富，思维较活跃的教师作为代表与密云区青少年宫孔海燕副主任一同前往新城子进行实地考察（图 5-9），各科教师从各自学科的角度思考可研究的课题和方向，然后与专家团队进行反复沟通，最终确定该活动的总体方向。

随后，经过孔海燕副主任和我校领导带领老师与当地林业站进行洽谈和走访，并逐一对古树进行踩点，最终选择了“九搂十八杈”（古侧柏）、流苏树、古枣树、古堡前的古槐树进行调研，并拟定在此建立我校的课外活动实践基地。结合教师之前的调研，帮助学生筛选课题。

图 5-9　教师、专家团队实地考察

2. 课题准备阶段

（1）选定课题组组长，招募成员：依据谁提出的课题谁负责的原则，选定各课题课题组组长，然后向全校学生进行课题成员的招募工作，通过面试，择优录取。

（2）指导学生利用知网查阅文献资料和理论学习并制定实施方案：了解密云新城子古树的相关研究进展和研究方向，了解其他地区关于古树的调查方法及手段等相关资料，确定本项目的主题，分工合作制定项目实施方案，并绘制活动流程图。

（3）聘请专家进行专业知识培训：如集中的专业培训，对学生进行课题研究方法的指导和论文专业的指导，并为学生答疑。

（4）安全培训：对学生进行安全教育培训，签安全协议等。

3. 实地考察阶段

学生分小组前往新城子进行野外调查（图 5-10）。

图 5-10　学生野外调查

（1）听专家讲述古树的传说

站在 580 岁的古流苏树下，学生们聆听陈志刚老师讲述的流苏树传说。这棵流苏树不仅是北京的二级保护植物，而且是北京现存两棵古树中最古老的一棵，位于密云苏家峪；学生们围绕在“九搂十八杈”古柏旁，聆听新城子镇林业站站长胡玉民分享了他与这棵古树39年深厚的情感。

（2）访谈组——追溯历史，探究长寿秘密

访谈组的学生们对新城子镇林业站站长胡玉民进行了深入采访，深受他39年来对古树坚守的感动；随后学生们与胡站长的徒弟王梦杨交流，这位年轻工作人员热情地分享了古树的故事，展现出对自然遗产的热爱；学生们还采访了新城子村主任张秀兰，聆听了她关于守树护树的动人故事；接着学生们与村民和游客进行了交谈，了解到了古树在当地文化中的重要地位和人们对其的深厚情感。这些访谈不仅丰富了学生们的知识，也增强了他们对古树保护的认识和责任感。

（3）树体检测组——放眼当下，古树你好吗

在专家的引导下，学生们学习了如何在不损伤古树的情况下，评估其生态环境和健康状况（图5-11）。他们掌握了使用先进工具，如TRU树木雷达和picus弹性波树木断层画像诊断装置，来为古树进行“CT扫描”，从而检测树干空洞并评估树木的健康状况。通过这一系列实践活动，学生们得以亲身体验科学考察的过程，积累了宝贵的经验。

图5-11　古树调查

（4）土壤检测组——探测古树生境

了解土壤检测的意义，学习使用土壤检测装置，检测百年流苏树（具有500年历史）和九搂十八杈（具有3500年历史的侧柏树）的土壤情况，了解古树周围的生态环境。对土壤的温度、pH酸碱度、微量元素进行检测（图5-12）。

图5-12　土壤检测

（5）探古堡，访国槐

遥桥古堡是北京周边保存较为完好的明代古堡，居住着约60户当年边关将士后裔，主要从事民俗旅游接待。始建于明万历二十六年的古堡，尺寸为东西123m、南北102m，墙高7m，顶宽4m。古堡门前还生长着一棵约110年的二级国槐古树。

4. 成果宣传阶段：助力古树保护

（1）进行保护古树宣讲，提出保护古树的建议

小组成员将活动成果以主题宣讲的形式，从古树价值、古树健康检测、古树填充技术、古树复壮技术进行校内宣传，号召更多的人参与到古树保护的队伍。

（2）提出保护古树的科学建议

通过本次实践活动，学生依据各自课题的研究成果对古树保护提出了多项建议：改善古树填充材料，使其更长寿；对更多古树挖埋复壮沟，运用通气孔复壮法，帮助古树更好地获取营养；加大古树的价值宣传，号召更多人爱护身边的古树，善待每一

棵古树。

三、活动反思

在这次古树保护活动中，我们深刻意识到了精心设计的活动对于实现教育目标的重要性。虽然学生们对古树的生态价值有了更深的理解，但在应用学科知识和培养创新能力方面，我们发现还有提升的空间。

学生们在实地考察中表现出色，显示出实践活动能有效激发学习兴趣。不过，我们也发现部分学生需要在独立思考和问题解决上获得更多指导。教师团队提供了重要的专业支持，但跨学科指导的挑战突显了加强教师专业发展的必要性。资源的有效分配和使用培训也是我们需改进的地方。

我们需进一步探索如何将实践活动与学科教学紧密结合，同时加强对学生汇报技巧的培养，并建立更丰富的反馈机制。尽管活动强调了培养环保意识和社会责任感，但转化为学生的长期行动和习惯仍需努力。此外，我们还需设计有效的持续跟进和激励机制，确保学生在活动结束后能够继续参与古树保护。

总体而言，本活动凸显了实践在教育中的重要性，并揭示了改进领域。我们将继续优化活动设计，提高教学质量，为学生提供更有意义的学习体验，培养他们成为具有创新精神和社会责任感的生态环境保护者。

案例分析

案例 5 是一次生态领域的实践活动，旨在通过实地调查密云新城子的古树，引导学生学习生态学研究方法，并综合运用生物、物理、化学、地理、历史、政治、信息等多学科的学科知识进行课题研究。此次实践活动以新城子古树为切入点，不仅深化了学生对生态保护的认识，还全面培养了他们的科学探究能力、综合实践能力和创新能力。

在活动中，学生首先围绕“古树长寿的秘密”这一课题展开研究。他们结合政治和历史学科的知识，探讨了古树在地方文化、历史传承中的重要地位，以及古树长寿可能与其所处的社会环境、人类保护意识等因素的关联。这一环节不仅拓宽了学生的视野，还激发了他们对古树保护的兴趣和责任感。

学生们还运用 TRU 树木雷达和 picus 弹性波树木断层画像诊断装置等高科技设备，对古树的空洞情况进行检测。这一过程中，他们融合了生物、物理和信息学科的知识，学会了如何操作仪器设备、如何分析检测数据。通过实践操作，学生们亲身体验了科技在生态保护中的应用。学生们还对古树附近的土壤进行了检测。他们结合生物、地理和化学学科的知识，运用生态学研究方法，如五点取样法等，分析了土壤的成分、结构、pH 值等指标，探讨了土壤对古树生长的影响。这一环节不仅加深了学生对生态系统的理解，还培养了他们的科学思维和实验技能。

在实践活动中，学生们运用生态领域的研究方法，分组完成实验，对实验数据进行分析，并提出问题引发思考。他们亲历了科研的整体过程，从提出问题、设计实验、收集数据、分析结果到得出结论，每一个环节都充满了挑战和收获。通过这次实践活动，学生们不仅形成了对古树保护全面而深入的理解，还展现出了独立思考和解决问题的能力。

二、科学思维方法

在科学思维研究方法部分，本书强调了科学思维在生态文明教育研究中的重要性。它介绍了如何运用逻辑思维、归纳推理和演绎推理等方法，对生态文明教育的相关问题进行深入研究。

科学思维方法是指通过科学的方法和理论，对问题进行分析和解决的思考方式（表 5-4）。

表 5-4　科学思维方法

方　法	定　义	应　用
比较法	通过对不同对象、现象、事件等进行比较研究，以获取相似之处、差异之处及其背后的规律和本质的方法	比较发电机和电动机在功能、原理和结构等方面的差异，可以深入地理解它们的工作原理和应用场景
分类法	通过对事物的特征或性质进行比较和分析，找出它们的相似性和差异性，从而将它们划分为不同的类别或组别	在生物分类学中，科学家们根据生物的形态结构、遗传信息、生态环境等多种因素，将生物划分为不同的种类
类比法	基于两种或多种事物在某些属性或特征上的相似性，来推断这些事物在其他方面也可能具有相似性	卢瑟福创立的原子模型，类比了太阳系的结构，将原子核比作太阳，电子比作行星
分析法	通过对研究对象进行细致的分解、比较、归纳等手段，以获取科学结论的方法	在物理学中，通过分析法可以研究物质的微观结构和性质
综合法	将不同学科、不同领域的知识、理论、方法和技术进行综合应用，达到对研究问题更全面、深入、准确的理解和解决	在生态环境领域，通过生物地理学的方法确定物种的分布范围，再结合生态学知识了解物种间的相互作用，从而制定出针对特定区域的生物多样性保护策略
归纳法	从个别到一般的推理方法，通过观察和分析一系列具体事例，总结出一般规律	在学习生物时，可以通过观察多种植物的生长过程，归纳出植物生长的一般规律
演绎法	从已知的一般性原理或理论出发，通过逻辑推导，得出关于个别或特殊情况的结论的过程	基于“物种多样性越高，生态系统稳定性越强”的原理，可以推导出在保护濒危物种时，需要同时关注其所在生态系统的保护，以维护其生存环境和食物链的完整性

这些方法各有特点，适用于不同的研究领域和问题。在科学研究中，通常需要综合运用这些方法，以全面、深入地了解和研究问题，如图 5-13 所示。

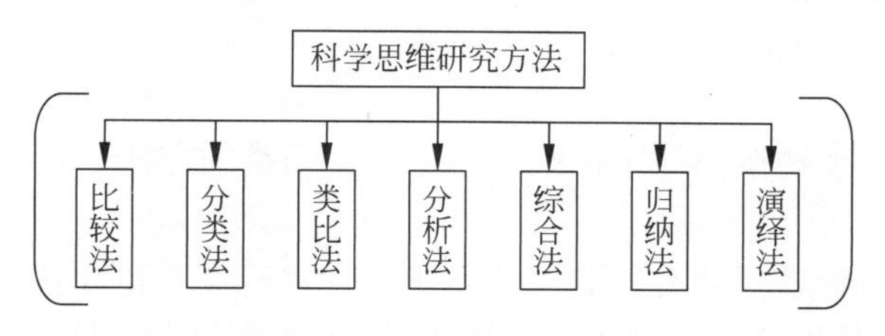

图 5-13　科学思维研究方法

（一）比较法

比较法是一种重要的研究和分析方法，其作用主要体现在以下几个方面。

（1）揭示差异与联系：通过比较不同对象或现象之间的相同点和不同点，可以更清晰地揭示它们之间的内在联系和差异，为进一步的研究和分析提供基础。

（2）促进知识深化：比较法可以帮助我们深入理解和掌握知识，通过对比不同案例、理论或实践，发现其中的规律性和特殊性，从而深化对某一领域或问题的认识。

（3）评估效果与影响：在评估某项政策、措施或项目的效果和影响时，比较法可以通过对比实施前后的数据、情况或效果，进行客观、科学的评估。

（4）提供决策依据：通过比较不同方案、策略或选择的优劣，可以为决策者提供科学、合理的决策依据，帮助决策者做出更加明智的选择。

（5）促进学术交流与发展：比较法作为一种通用的研究方法，可以促进不同学科、不同领域之间的学术交流与合作，推动学术研究的深入与发展。

比较法的步骤如下。

（1）明确比较目的：首先明确比较的目的和意义，确定需要比较的对象、范围和内容。

（2）选择比较对象：根据比较目的，选择具有代表性、可比性的对象进行比较。比较对象可以是不同时间、不同地点、不同条件下的同一事物，也可以是不同事物之间的比较。

（3）收集资料信息：收集与比较对象相关的资料和信息，包括数据、文献、案例等。确保收集到的资料具有可靠性和代表性。

（4）整理分析资料：对收集到的资料进行整理和分析，提取出需要比较的关键信息和指标。可以运用统计方法、图表等形式对资料进行呈现和分析。

（5）进行比较分析：根据整理分析得到的资料和信息，对比较对象进行比较分析。比较的内容可以包括结构、功能、特点、优劣等方面。通过对比分析，揭示出比较对象之间的相同点和不同点。

（6）得出结论建议：根据比较分析的结果，得出结论和建议。结论应该具有客观性和科学性，能够反映比较对象之间的真实关系和差异。建议应该具有针对性和可操作性，能够为相关领域的实践和研究提供参考。

（7）撰写比较报告：将比较分析的过程和结果以书面形式呈现出来，形成比较报告。报告应该包括引言、比较对象描述、资料收集与分析、比较分析过程、结论与建议等部分。通过撰写比较报告，可以将比较法的应用成果进行展示和交流。

（二）分类法

分类法是一种将事物按照一定标准进行分类、归类的方法，其作用主要体现在以下四个方面。

（1）数据整理与管理：分类法能够帮助我们有效地整理和管理大量数据，使其更加有序和易于检索。例如，在图书馆中，图书管理员可以通过分类法将书籍按照类别和作者进行分类，使读者能够更方便地找到所需的书籍。

（2）问题简化：在处理复杂问题时，分类法可以将问题分解成多个较简单的问题，从而简化问题的处理过程。这有助于我们更好地理解问题，并找到有效的解决方案。

（3）比较与评估：通过分类法，我们可以对不同类别的事物进行比较和评估，以便找出最优解。这种比较和评估的过程有助于我们做出更明智的决策。

（4）资源优化：分类法还有助于优化资源配置。例如，在库存管理中，通过 ABC 分类法，企业可以合理地管理库存，降低库存风险，提高资金利用率。

分类法的步骤如下。

（1）确定分类标准：首先需要明确分类的标准或依据，这可以根据问题的性质、数据的特征或实际需求来确定。

（2）收集数据：根据确定的分类标准，收集相关的数据或信息。这些数据应该能够反映被分类事物的特征或属性。

（3）建立分类体系：在收集数据的基础上，建立分类体系。这包括确定分类的层次结构、类别数量以及每个类别的名称和定义。

（4）数据归类：将收集到的数据按照建立的分类体系进行归类。这可能需要评估每个数据项与各个类别的匹配程度，并将其分配到最符合的类别中。

（5）分类结果验证：对分类结果进行验证，确保分类的准确性和合理性。这可以通过与专家讨论、对比历史数据或进行实际测试等方式来实现。

（6）分类结果应用：将分类结果应用于实际问题解决中。这可能包括制定管理策略、优化资源配置或进行决策支持等。

需要注意的是，分类法的具体实施可能因问题的性质、数据的特征或实际需求而有所不同。因此，在实际应用中，我们需要根据具体情况灵活调整分类法的步骤和方法。

（三）类比法

类比法是一种通过比较不同事物之间的相似性，从一个已知事物推导出另一个未知事物性质或特征的方法。它的作用主要体现在以下四个方面。

（1）创新启发：类比法能够激发创新思维，通过比较不同领域的概念、现象或方法，产生新的想法和解决方案。它有助于打破思维定式，促进跨学科的创新和融合。

（2）知识迁移：类比法能够将已知领域的知识、经验或规律迁移到未知领域，帮助人们更快地理解和掌握新领域的知识。它有助于促进知识的传播和应用，加速学习和研究的进程。

（3）问题解决：在解决复杂问题时，类比法可以通过比较相似问题的解决方案，为当前问题提供启示和借鉴。它有助于我们更快地找到问题的关键点和解决方案，提高问题解决的效率和质量。

（4）决策支持：类比法还可以为决策提供支持，通过比较不同方案的相似性和差异性以评估其可能的效果和风险。它有助于决策者更全面地考虑问题的各个方面，做出更明智的决策。

类比法的步骤如下。

（1）确定目标领域：首先需要明确要解决的问题或研究的领域，即目标领域。这有助于我们确定需要寻找相似性的对象和方向。

（2）寻找相似领域：在目标领域之外，寻找与之具有相似性质、结构或功能的领域。这些相似领域可以是不同学科、行业或领域的概念、现象或方法。

（3）比较相似性：对目标领域和相似领域进行比较，找出它们之间的共同点和差异点。这些共同点可能包括原理、结构、功能、过程等方面的相似性。

（4）推导新知识或解决方案：根据目标领域和相似领域之间的相似性，推导出目标领域可能具有的新知识、性质或解决方案。这个推导过程需要基于合理的逻辑和假设，并进行必要的验证和测试。

（5）验证和应用：对推导出的新知识或解决方案进行验证，确保其准确性和可行性。然后将其应用于实际问题解决中，观察其效果并进行必要的调整和改进。

类比法可以帮助我们从一个已知领域推导出另一个未知领域的性质或特征，为创新、学习和决策提供支持。需要注意的是，类比法并不是一种绝对可靠的方法，其结果可能受到主观因素、信息不全或假设不合理等因素的影响。因此，在使用类比法时，我们需要保持谨慎和批判性思维，结合其他方法和手段进行综合分析和判断。

（四）分析法

分析法是一种用于研究和理解事物的方法论，其主要作用体现在以下五个方面。

（1）深入理解事物的内在结构、原理和特征：通过对事物的各个组成部分和相互关系的深入分析，揭示其内在的结构、原理和特征。应用于不同领域和学科的研究，包括科学、社会科学、文学、艺术等。

（2）提供决策支持：在企业和组织管理中，分析法可用于评估和分析自身以及竞争对手的核心竞争力，从而制定相应决策。特别是在情景分析中，通过预测可能出现的情景，为企业或组织提供战略预警和决策依据。

（3）提高组织的战略适应能力：由于分析法关注未来的变化，因此能够帮助企业或组织更好地处理未来的不确定性因素，提高其战略适应能力。

（4）实现资源的优化配置：在进行情景分析和决策时，企业的资源会根据分析结果进行重新配置，从而实现资源的优化配置。

（5）提高团队的总体能力：情景分析法等分析方法不仅属于高层管理人员的战略工具，还需要企业各层级人员参与，从而提高团队的总体能力。

分析法的步骤如下。

（1）明确目标和范围：在开始分析之前，需要明确分析的目的和范围，确定需要收集哪些信息以及分析的深度和广度。

（2）收集信息：根据分析的目的和范围，收集相关的信息，如数据、文档、报告、观察结果等，以确保信息的准确、完整和可靠。

（3）整理和分析信息：将收集到的信息进行整理和分析，可能涉及数据的清洗、分类、归纳、比较等操作。通过分析，发现数据之间的关联、趋势和规律。

（4）得出结论：根据分析的结果，得出结论。这些结论可能是对问题的解释、对趋势的预测、对决策的建议等，以确保结论是基于充分的分析和证据支持的。

（5）制订行动计划：根据结论，制订相应的行动计划，可能包括改进方案、实施措施、监测计划等。确保行动计划是具体、可行和可衡量的。

（6）实施和监控：将行动计划付诸实施，并进行持续的监控和评估。这有助于确保分析的结果得到实际应用，并对实施效果进行评估和调整。

需要注意的是，分析法的实施步骤可能因具体的应用场景和问题而有所不同，需要在实际应用中根据具体情况进行调整和完善。

（五）综合法

综合法是一种将不同信息、观点、数据或方法综合起来进行分析、判断和决策的方法。它的作用主要体现在以下四个方面。

（1）全面理解和把握问题：综合法能够整合来自不同领域、不同角度的信息和数据，帮助人们全面理解和把握问题的本质和复杂性。

（2）提高决策质量：通过综合各种信息、观点和方法，综合法能够减少信息偏差和主观偏见，提高决策的全面性和准确性。这有助于做出更为科学、合理的决策。

（3）促进跨学科交流和合作：综合法鼓励不同学科、不同领域之间的交流和合作，有助于打破学科壁垒，促进知识的融合和创新。

（4）预测和应对未来变化：综合法不仅关注当前的情况，还注重对未来趋势和变化的预测。通过整合各种信息和数据，综合法有助于人们更好地应对未来的挑战和变化。

综合法的步骤如下。

（1）明确问题和目标：首先需要明确要解决的问题或达到的目标。这有助于确定需要收集哪些信息、分析哪些数据以及采用何种方法。

（2）收集信息：根据问题和目标，广泛收集相关的信息、数据、观点和方法。这些信息可以来自不同的领域、不同的学科和不同的来源。

（3）整理和分析信息：将收集到的信息进行整理和分析，包括数据的清洗、分类、归纳、比较等操作。通过分析，找出信息之间的关联、趋势和规律。

（4）综合判断：在整理和分析信息的基础上，进行综合判断。这包括评估各种信息的可信度、比较不同观点的合理性和可行性、分析各种方法的适用性和效果等。

（5）得出结论和提出建议：根据综合判断的结果，得出结论并提出相应的建议或解决方案。这些结论和建议应该基于充分的分析和证据支持，并考虑到各种可能的影响和后果。

（6）实施和评估：将得出的结论和建议付诸实施，并进行持续的评估和监控。这有助于确保综合法的有效性和可行性，并根据实际情况进行必要的调整和改进。

需要注意的是，综合法的实施步骤可能因具体的应用场景和问题而有所不同。在实际应用中，可以根据具体情况进行调整和完善。同时，综合法也强调灵活性和创新性，鼓励人们根据实际情况和问题特点采用多种方法和手段进行综合分析和判断。

（六）归纳法

归纳法是一种从个别到一般、从特殊到普遍的推理方法。它通过观察和总结特定个体或实例的属性和特征，进而推断出一般性的结论或规律。归纳法的作用主要体现在以下四个方面。

（1）发现新知识和规律：归纳法通过观察和分析具体实例，可以发现新的现象、关系和规律，从而推动科学知识的积累和进步。

（2）构建理论框架：通过归纳得出的结论，可以为进一步的理论研究提供基础，帮助科学家构建和完善理论框架。

（3）指导实践活动：归纳法得出的结论往往具有普遍性和指导性，可以应用于实际问题的解决和实践活动的指导中。

（4）培养逻辑思维：归纳法的运用需要严密的逻辑思维和推理能力，因此，通过归纳法的训练和实践，可以培养和提高人们的逻辑思维能力。

归纳法的步骤如下。

（1）观察实例：首先，需要收集一定数量的具体实例，并对这些实例进行仔细观察和记录。这些实例应该具有相似性或代表性，以便从中总结出一般性的规律。

（2）识别属性：在观察实例的过程中，需要识别出这些实例的共同属性和特征。这些属性和特征应该是客观存在，并且可以通过观察或测量得到的。

（3）分类整理：将识别出的属性和特征进行分类整理，以便更好地理解和分析这些实例。分类可以根据不同的标准或角度进行，例如按照时间、地点、类型分类等。

（4）提出假设：在分类整理的基础上，可以提出一个或多个假设。这些假设应该能够解释或预测实例的属性和特征，并且具有一定的普遍性和可验证性。

（5）验证假设：通过进一步的观察、实验或调查等方法，验证提出的假设是否成立。验证过程应该遵循科学的原则和方法，确保结果的准确性和可靠性。

（6）得出结论：如果假设得到验证，则可以得出结论。这个结论应该是基于充分的事实和证据支持的，并且具有一定的普遍性和适用性。

需要注意的是，归纳法虽然具有重要的作用和广泛的应用价值，但也存在一定的局限性。由于归纳法是基于观察和实例的推理方法，因此其结论可能受到观察范围、样本选择等因素的影响。因此，在使用归纳法时需要注意样本的代表性和广泛性，并尽可能采用多种方法和手段进行验证和补充。

（七）演绎法

演绎法是一种从一般到特殊的推理方法，它基于已知的一般性原理或规律，推导出特定情况下的结论。演绎法的作用主要体现在以下四个方面。

（1）确保结论的必然性：演绎法基于严格的逻辑推理，从一般到特殊，其结论必然是由前提所决定的。这种必然性使得演绎法在科学、法律、数学等领域具有极高的应用价值。

（2）构建理论体系：演绎法有助于构建完整的理论体系。在确定了基本原理和规律之后，可以通过演绎法推导出理论体系中的各个组成部分和相互关系，从而使整个体系更加严谨和完整。

（3）预测和指导实践：演绎法得出的结论往往具有普遍性和指导性，可以预测特定情况下的结果，并为实践活动提供指导。例如，在科学研究、工程设计、政策制定等领域，演绎法都发挥着重要作用。

（4）培养逻辑思维：演绎法的运用需要严密的逻辑思维和推理能力。通过学习和实践演绎法，可以培养和提高人们的逻辑思维能力，使其更加善于分析和解决问题。

演绎法的步骤如下。

（1）明确前提：首先需要明确已知的一般性原理或规律，这些原理或规律将作为演绎推理的前提。前提应该是经过验证的、可靠的，并且具有普遍性和适用性。

（2）设定条件：在明确前提之后，需要设定特定的条件或情境。这些条件或情境应该与前提相关，并且具有明确的定义和范围。

（3）进行推理：根据前提和设定的条件，进行逻辑推理。推理过程应该遵循逻辑规则，确保每一步都是基于前提的合理推导。

（4）得出结论：通过逻辑推理，推导出特定情况下的结论。这个结论应该是基于前提和条件的必然结果，并且具有普遍性和适用性。

（5）验证结论：最后，需要对得出的结论进行验证。验证可以通过实验、观察、调查等方法进行，以确保结论的正确性和可靠性。如果结论得到验证，则说明演绎推理是成功的；如果结论不成立，则需要检查前提、条件或推理过程是否存在问题。

需要注意的是，虽然演绎法具有严格的逻辑性和必然性，但其前提的正确性和可靠性对于结论的正确性至关重要。因此，在使用演绎法时，需要确保前提的准确性和可靠性，并尽可能采用多种方法和手段进行验证和补充。

案例 6　家乡的野鸟邻居
——学生观鸟实践活动课教育案例

北京市密云区大城子学校　吴井平

一、活动背景

鸟类是大自然的重要组成部分，它们控制着昆虫和鼠类等繁殖快的动物的数量，它们同时又是其他动物的食物，维护了自然界的生态平衡。观鸟，是人们到自然界，比如山林、原野、海滨、湖沼、草地各种环境中，在不影响鸟类正常活动的情况下，欣赏鸟的自然美。欣赏各式各样鸟的飞行姿势、取食方式、食物构成、繁殖行为、迁徙特点和各自所栖息的环境。了解鸟类与自然环境的关系，人类与鸟的关系。在欣赏鸟类绚丽多彩的羽毛，多姿多态的形体，婉转动听的鸣唱，活泼诱人的行为同时，走进了大自然，了解了大自然，将自身融进了大自然，感到无限欢欣和愉悦。观鸟就要到能看到鸟的各种自然环境去，要走路，爬山，钻林子，越沙漠，呼吸清新的空气，锻炼身体，解除学习和工作的疲劳。达到放松神经，健身娱乐的效果。观鸟活动并不是什么难事，也不需要复杂的设备条件，一般只需一架适用的望远镜和一本鸟类图鉴就可以了。

观鸟是在不打扰鸟类正常生活的情况下，利用望远镜和鸟类图鉴等，在自然中对鸟类进行观察。鸟以其绚丽的羽色、卓越的风姿、万千的体态、清婉的鸣声吸引着人类，然而随着自然环境的破坏和过度捕杀，野生鸟类的数量急剧减少，多种鸟类灭绝或濒临灭绝。通过观鸟活动增进中小学生对鸟类的了解、关注和保护，培养学生的观察能力和探究能力，加深学生对生态环境和生物多样性意义的理解，并且为鸟类研究提供必要的基础数据。进一步加强青少年生态道德教育，促进学生德、智、体的全面发展。

作为北京市金鹏科技团的成员，多年来我校一直坚持开展学生观鸟等丰富多彩的科技实践活动并形成特色。学校充分利用活动课、社团及课余时间开展学生观鸟课、知识讲座及实践活动，学生们在实践探究中激发兴趣、提升核心素养，收获佳绩。下面以《家乡的野鸟邻居》实践活动课为例，做简单介绍。

二、活动设计

（一）学情分析

六年级的学生通过社团和观鸟赛等活动，对于家乡常见的野鸟有了一些认识，对于身边的野鸟充满了好奇和喜爱之情。但对于威胁鸟类生存的主要因素，鸟类资源的保护和管理等知识缺乏系统归纳和思考。六年级的科学实践活动课以探究家乡的野鸟、鸟类学知识为主。本课主要依据《科学课程标准》“生物与环境的相互关系”中的“7.1 生物能适应其生存环境”，引导学生认识家乡密云的常见野鸟，介绍一些野鸟的保护级别，认识野鸟的六种生态类型。

（二）本课活动目标

本课学科教学与生态文明教育融合目标如下。

（1）科学观念：基于对家乡常见野鸟的探究性学习，学生能说出“三有动物”的含义，鸟类在自然界中的作用，常见野鸟的六种生态类型，威胁鸟类生存的主要因素，鸟类资源的保护和管理等。

（2）科学思维：基于对家乡常见野鸟的探究性学习，学生能利用分析、比较、归纳等思维方法，初步认识“三有动物”，抽象概括常见野鸟的六种生态类型，比较全面的分析威胁鸟类生存的主要因素，鸟类资源的保护和管理等。

（3）探究实践：学生能够基于所学知识，从家乡常见野鸟的形态特征、结构与功能以及与环境的关系入手，表述探究结果，运用分析、比较、推理、概括等方法得出科学探究的结论。

（4）态度责任：基于探究兴趣，学生可以尝试运用多种思路和方法完成探究，乐于与他人进行沟通交流和辩论。

（三）活动重难点

（1）活动重点：学生基于对家乡常见野鸟的探究性学习，能说出常见野鸟的六种生态类型，鸟类资源的保护和管理等知识。

（2）活动难点：学生基于对家乡常见野鸟的探究性学习，能利用分析、比较、归纳、概括等思维方法，初步认识“三有动物”，常见野鸟的六种生态类型，鸟类资源的保护和管理等。

（四）活动过程

1. 课前准备

（1）课前调查：已经知道的野生鸟类有哪些，这些野鸟有哪些有趣的知识或者故事。

（2）问题探究：家乡有哪些常见的野鸟？威胁鸟类生存的主要因素是什么？

（3）科学知识：能说出“三有动物”的含义，鸟类在自然界中的作用，常见野鸟的六种生态类型，威胁鸟类生存的主要因素，鸟类资源的保护和管理等。

（4）学科素养：关注科学思维核心素养。基于对家乡常见野鸟的探究性学习，能利用分析、比较、归纳等思维方法，初步认识“三有动物”，抽象概括常见野鸟的六种生态类型，比较全面的分析威胁鸟类生存的主要因素，鸟类资源的保护和管理等。

（5）可持续发展素养：基于学生对熟悉的家乡环境及身边常见野鸟的认识与探究，通过分析、比较、抽象、概括等方法，建构生物多样性保护和可持续发展的意义。

2. 提出问题

（1）播放视频：给学生观看密云水库野鸟汇聚的视频。调动已有生活经验进行合理猜想并回答问题，使学生对家乡的美好环境及丰富的野鸟种类产生顺应。

（2）引入主题：“八山一水一分田”，从自然生活出发，调动已有知识经验，举例说出身边的野鸟名称，并调动对这些野鸟的已有认知。

3. 尝试探究

（1）认识家乡的国家级、市级保护鸟种及“三有动物”

学生调动已有生活经验辨识几种常见的野生鸟类；认识身边常见的野鸟，多数为“三有动物”；从身边常见的野鸟事实入手，建构“三有动物”的概念；调动科学思维，对事实进行比较、分析，归纳、概括主要特征；尊重和顺应自然，保护野鸟的生物多样性。

（2）认识“鸟类在自然界中的作用”

诗句欣赏，感受从古至今人们对野鸟的喜爱。学生认真思考分析，回答问题；通过阅读、分析认识鸟类在自然界中的作用；分析资料，归纳概括鸟类在自然界中的作用；通过阅读、分析，明确野生鸟类保护对于自然界的现实意义。

（3）认识常见野鸟的生态类型

学生汇报鸟类在自然界中的作用，利用家乡野鸟图片进行野鸟生活习性等知识的分析，比较，归纳野鸟的六种生态类型；学生根据生活经验及已有知识进行猜想，通过比较、分析常见野鸟的生活习性、形态特征等，归纳概括出鸟类的几种生态类型；充分调动比较、分析，归纳、概括等思维方法，建构野鸟的六种常见的生态类型；分析、比较野鸟的六种生态类型，树立生态类型多样与野鸟种类多样性意识。

（4）认识威胁鸟类生存的主要因素

学生阅读资料，认真分析并归纳鸟类资源的保护和管理措施；学生鉴赏古诗，说说从古诗中懂得了什么？基于事实，能够描述认识鸟类资源的保护和管理措施；通过资料阅读对问题进行分析，归纳、概括鸟类资源的保护和管理；家乡的发展与生态保护相辅相成。

（5）讨论保护鸟类的措施

制定鸟类保护名录；长期监测研究；建立保护区；人工饲养繁殖；构思鸟类保护法；开展群众性的爱鸟护鸟教育。

4. 概括总结

身为家乡的主人，学生在日常生活中，提高保护生态环境，爱鸟护鸟的意识；将所学知识升华为保护自然、保护家乡野鸟邻居的内驱力；将对自然生态及鸟种多样性保护意识付诸行动探索；自然生态系统需要我们充分尊重和顺应，同样需要我们去人工保护和修复。

5. 课堂延伸

日常生活中力所能及的保护措施，进行保护家乡生态及野鸟邻居的探索实践；能主动分析问题、寻找到解决问题的办法；为家乡的发展与生态保护贡献力量。

6. 课后应用探究

为保护家乡的生态环境，保护家乡的野鸟邻居，梳理一些力所能及的保护措施；为保护家乡的生态环境，保护家乡的野鸟邻居出谋划策，并在日常生活中付诸行动；从小树立保护生态、保护生物多样性的意识，并努力探索实践。

三、活动反思

联合国可持续发展目标中的目标15提到："保护、恢复和促进可持续利用陆地生态系统、可持续森林管理、防治荒漠化、制止和扭转土地退化现象、遏制生物多样性的丧失。"本活动基于学生对熟悉的家乡环境及身边常见野鸟的认识与探究，通过分析、比较、抽象、概括等方法，建构生物多样性保护和可持续发展的意义。本活动学生在"脚手架"式学习中有所实际获得。在学生主动探究知识的过程中，"脚手架"式的活动设计，符合学生思维发展规律。学生的猜想与假设、分析、比较、综合、归纳、概括等思维方法得到了锻炼和发展；学生在探究过程中，发展比较思维，锻炼分析、推理能力；学生的良好习惯得到了巩固和发展；学生在认知冲突中有兴趣的主动探究。本活动学习过程是学生不断产生认知冲突，不断思考、分析、寻求实证的过程，而这个过程也正是学生兴趣所致，主动探究的过程。学生在主动认知过程中逐步建构概念。本活动还注重学生在主动探究的过程中思维水平的提升，注重利用科学的学习方法主动探究，逐步形成科学概念；注重"建构主义"学习理论，关注学生的认知发展与学习过程之间的联系，努力做到以学生为中心，强调学生对知识的主动探索、主动发现和对所学知识意义的主动建构。

从学生的已有知识经验入手，创设学生熟悉且感兴趣的情景，设计进阶实践活动内容，发展学生的逻辑思维能力，关注核心素养提升与实际获得。观鸟实践活动可以在课堂，也可以让学生走进不同的自然环境，学习知识，研究问题，启迪思维，放松身心。在观鸟实践活动过程中，我们真应该找到适合学生与自然联结的学习载体，让学生在自然中获取知识、探索实践、提升思维。总之，积极开展类似观鸟实践活动课的学习，积极与自然联结，让学习活动像野鸟一起飞翔。

案例分析

案例6将科学思维方法融入了教育实践活动中，通过组织学生进行观鸟实践活动，不仅增强了学生对家乡常见野鸟的认识，还培养了他们的逻辑思维、归纳推理和演绎推理等科学思维能力。

在此次观鸟实践活动中，学生们以家乡常见野鸟为研究对象，展开了探究性学习。通过实地观察和记录，学生们能够准确说出常见野鸟的六种生态类型，如林栖型、水栖型、农田型等，并对鸟类资源的保护和管理等知识有了初步了解。这一过程不仅丰富了学生的自然科学知识，还激发了他们对生态环境的兴趣和探索欲。

在观鸟过程中，学生们充分运用了分析、比较、归纳等思维方法。他们通过对不同野鸟的观察和比较，初步认识了“三有动物”（即有益、有重要经济价值、有科学研究价值的动物）的概念，并能抽象概括出常见野鸟的六种生态类型。同时，学生们还比较全面地分析了威胁鸟类生存的主要因素，如栖息地破坏、人为捕杀、环境污染等，并对鸟类资源的保护和管理提出了自己的见解。观鸟实践活动的独特之处在于，它将科学思维方法融入到了问题的分析和解决过程中。学生们在观察野鸟的同时，也在思考如何保护它们，如何为它们的生存创造更好的条件。这种思考和实践的结合，不仅锻炼了学生的思维能力，还培养了他们的观察能力和探究能力。

此外，观鸟课程还使学生们意识到，保护家乡的生态环境和野鸟邻居是每个人的责任。他们在活动结束后主动梳理了一些力所能及的保护措施，如建立观鸟记录本、宣传野鸟保护知识、参与植树造林等。学生在日常生活中付诸行动，从小树立起保护生态、保护生物多样性的意识，并努力探索实践，为家乡的发展与生态保护贡献着自己的力量。

三、项目式研究方法

在项目式研究方法中，注重实践性和参与性。本书介绍了如何通过组织和实施具体的生态文明教育项目，让学生在实践中学习和成长。接下来详细阐述了项目式研究方法的步骤和要点，包括项目选题、方案设计、实施过程、成果展示和反思总结等。通过项目式研究方法，学生可以在实践中深入了解生态文明的重要性，掌握相关的知识和技能，培养解决问题的能力和创新精神。

（一）项目式研究方法概念

项目式研究方法是指在进行具体项目研究时所采用的一系列科学研究手段和方法。这些方法的选择应根据项目的具体目标和问题来确定。以下是几种常见的项目式研究方法。

1. 定性研究方法

通过观察、访谈、文本分析等手段来收集和分析数据，以深入理解研究对象的内在特征和规律。定性研究方法适用于探索性研究，特别是在对新的或未充分理解的现象进行初步了解时。定性研究方法需注意样本选择的偏差和数据分析的主观性。

2. 定量研究方法

通过问卷调查、实验设计、统计分析等手段来收集和分析数据，进行数量化的描述和推断。定量研究方法适用于验证性研究，帮助研究者验证假设和推论研究结果的普适性。定量研究方法需考虑数据收集的成本和时间消耗，以及确保样本的代表性。

3. 混合研究方法

综合利用定性和定量研究方法，通过多种数据收集和分析手段来获取全面的研究结果。混合研究方法适用于复杂性较高的研究问题，可以从多个角度全面理解研究对象。混合研究方法需要研究者具备较高的研究能力和数据分析技能，以及一定的研究经验和专业知识。

（二）项目式研究方法应用

在实际应用中，项目式研究方法的选择应该遵循以下原则。

（1）明确研究目的和问题：不同的研究目的和问题需要使用不同的研究方法。

（2）考虑资源和时间限制：研究方法和手段的选择应充分考虑实际资源和时间的限制。

（3）注重数据质量：无论采用何种方法，都应确保数据的准确性和可靠性。

（4）结合多种方法：在条件允许的情况下，可以结合使用多种研究方法，以获得更全面、更深入的研究结果。

总之，项目式研究方法的选择应基于具体的研究目的和问题，综合考虑各种因素，选择最适合的方法或方法组合来进行研究。

（三）项目式研究方法的形式

项目式研究方法在学术研究和实际项目中占据着核心地位，它强调通过系统性的方法和流程来深入探索和解决特定问题。在众多的研究方法中，案例研究法和实验探究法是两种比较常见的形式，它们各自具有独特的特点和应用场景（图 5-14）。

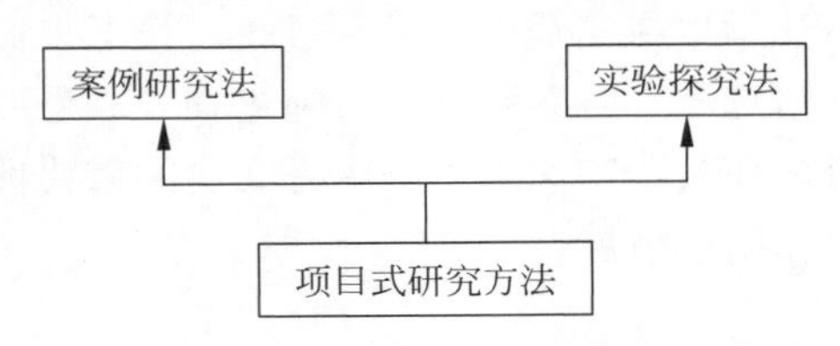

图 5-14　项目式研究方法的形式

1. 案例研究法

案例研究法是一种深入且系统性的研究方法，它选择一个或几个特定场景作为对象，通过系统地收集数据和资料，对某一现象在实际生活环境下的状况进行深入研究。接下来将对案例研究法的作用和步骤进行详细介绍。

案例研究法的作用如下。

（1）深入性：案例研究法不仅对现象进行详细的描述，还深入探究现象背后的原因，有助于研究者把握事件的来龙去脉和本质。它既能回答“怎么样”，也能回答“为什么”。

（2）客观性：案例研究来源于实践，是对客观事实全面而真实的反映。作为科学研究的起点，它能切实增加实证的有效性。

（3）内隐性：案例研究包含真实情景中的各种要素及特殊现象、突发现象，研究者可能会发现一些前人未觉察到的原因、现象或结果等变量，这些往往会成为以后研究的基础。

（4）全面性：相对于其他研究方法，案例研究法能够对案例进行厚实的描述和系统的理解，对动态的相互作用过程与所处的情境脉络加以掌握，从而获得一个较全面与整体的观点。

案例研究法的步骤如下。

（1）确定研究目的和问题：明确研究者希望通过研究得到什么结果，以及希望解决什么问题。

（2）选择研究对象：选择具有代表性和典型性的研究对象，能够反映出研究问题的本质和规律。

（3）收集案例资料：通过多种途径收集案例资料，如文献资料、采访、观察等，并注意资料的真实性和可靠性。

（4）整理案例资料：将收集到的案例资料进行整理和分类，以便于后续的分析和研究。

（5）分析案例资料：对收集到的案例资料进行深入分析和研究，以探究研究问题的本质和规律。这一过程可能涉及统计分析、比较分析、归纳分析等多种分析方法和工具。

（6）提出假设：在分析案例资料的基础上，提出假设。假设是对研究问题的一种猜测或推测，需要经过实证检验才能得到验证。

（7）设计研究方案：研究方案应包括研究的具体内容、研究方法和研究步骤等，并考虑研究的可行性和有效性。

（8）实施研究方案：按照研究方案的要求，对研究对象进行观察、采访、调查等，收集相关数据和资料。

（9）撰写报告与检验结果：撰写案例研究报告，描述和解释研究结果，并就案例研究提出问题和进行探讨。

2. 实验探究法

实验探究法是一种科学的研究方法，它通过设计实验来测试假设或理论，以收集数据并验证其有效性。接下来将对实验探究法的作用和步骤进行详细介绍。

实验探究法的作用如下。

（1）验证假设：实验探究法的主要目的是验证或反驳特定的假设或理论。通过实验操作，可以收集数据来支持或否定这些假设。

（2）发现新现象：在实验过程中，研究者可能会发现新的现象或关系，这些发现可能会引导新的研究方向或理论。

（3）提供因果关系的证据：通过控制实验条件，实验探究法能够揭示变量之间的因果关系，而不是仅仅关联关系。

（4）提高科学知识的准确性：实验探究法通过系统的数据收集和分析，可以提高科学知识的准确性和可靠性。

（5）促进科学进步：实验探究法是科学进步的基础，它推动新的理论、发现和应用的产生。

实验探究法的步骤如下。

（1）明确研究问题：首先需要明确研究的具体问题或假设，这将指导后续的实验设计和操作。

（2）设计实验：确定实验的自变量（独立变量）和因变量（依赖变量）；设计实验控制组（可能不接受处理或接受标准处理）和实验组（接受特定处理）；设计实验流程，包括数据收集的方法和工具。

（3）进行实验：按照实验设计，准备实验所需的材料和设备；进行实验操作，确保所有步骤都按照设计进行；仔细记录实验过程和数据。

（4）收集和分析数据：使用适当的统计方法和技术来收集和分析实验数据；比较实验组和控制组的结果，以评估实验处理的效果。

（5）结果讨论：根据数据分析的结果，解释实验发现的意义并讨论它们与研究问题的关系。

（6）得出结论：基于实验结果和数据分析，得出结论并评估这些结论的有效性和可靠性。

（7）撰写报告：将实验过程、结果和结论写成详细的实验报告，以供他人参考和评估。

（8）评估和改进：评估实验的有效性和可靠性，考虑可能存在的局限性并提出改进的建议。

案例 7　基于湿地公园的跨学科项目式学习课程设计与实践
——以“密云白河城市森林公园湿地调研活动”为例

首都师范大学附属密云中学　曹丽娜　马家冀　李培珍

一、活动背景

在党的二十大报告中，明确中国式现代化的本质要求，其中“促进人与自然和谐共生”是其中一个重要方面。建设生态文明是中华民族永续发展的千年大计，而教育则是推进这一战略的重要途径，提升学生的生态文明素养成了新时代教育的重点任务之一。因此，学校教育不仅要传授知识，更要培养学生的环保意识和实践能力，使之成为生态文明建设的积极参与者和推动者。

北京市密云区作为生态资源丰富的地区，拥有众多湿地资源，其中白河城市森林公园中大片的湿地区域。这些湿地不仅为当地生态环境提供了重要的支撑，也承载着丰富的生物多样性。然而，随着人类活动的不断增加，湿地生态面临着诸多威胁，其生态功能和价值往往被忽视。因此，开展以密云湿地为主题的跨学科实践活动，不仅有助于增强学生的生态文明素养，更有助于提升公众对湿地生态功能和价值的认识，从而推动密云区乃至全国的生态文明建设。

本活动旨在通过设计并实施密云湿地公园跨学科实践活动，将理论与实践相结合，使学生在参与过程中掌握科学研究的基本思路和方法，提升其实践能力和创新精神。同时，通过此次活动，推动社会各界对密云湿地资源的重视与保护，促进人与自然的和谐共生，为密云的生态建设与经济发展做出贡献。这一实践活动的推广和实施，有望为其他地区开展类似的生态教育提供有益的借鉴和参考。

二、活动设计

（一）学情分析

在活动开始前，我们对学生进行了湿地知识调研，发现学生对湿地的价值和保护措施认识不足，通常只了解基本的环保行为，对湿地生态系统的复杂性和重要性认识有限。虽然高中生物必修三中的《稳态与环境》课程为他们提供了理论基础，但实际应用能力需要加强。

为了提高学生的核心素养和综合能力，教学建议包括增强学生的实地体验，通过组织湿地实地考察活动，让学生亲身体验湿地环境，增强对湿地保护的直观感受和认识。同时，结合地理、环境科学等学科，帮助学生全面理解湿地生态系统的重要性和复杂性。通过湿地调研项目，培养学生的科学探究能力、数据分析能力和实际操作技能。此外，通过课堂讨论和案例分析，引导学生认识到湿地保护的重要性，激发他们的环保责任感。鼓励学生将调研成果进行展示和交流，提高湿地保护的社会认识，增强学生的成就感和参与感。通过这些措施，我们期望激发学生为湿地保护贡献力量，成为湿地保护的积极参与者。

（二）活动目标

（1）通过开展密云湿地公园系列活动，推动学生全面掌握多学科的理论知识。深入理解湿地生态环境的影响因素，分析湿地土壤氮素与氧含量的关系，探讨密云区生态保护与城市发展的内在联系。

（2）通过科技探究活动，学生了解课题研究的一般方法，具备确定研究课题的方向、设计实验方案、分组实施实验、分析实验数据、并提出问题引发思考，最终完成论文的撰写和总结工作，针对结果对密云湿地生态环境优化提出合理化建议，为密云生态文明建设贡献力量。此外，活动还着力培养学生的科学探究能力、综合实践能力及创新能力。

（3）鼓励学生组建科研小组，开展实地采样与探究，积极参与家乡生态文明建设，培养学生热爱家乡、祖国的情感。通过面向全校的总结汇报会，让更多学生了解科研小组的成果，感受课题研究带给学生们的收获，激发更多学生积极参与课题研究。

（4）通过本次活动，促进教师发展，提升教师的科研能力，推动教师将创新能力培养融入学科教学，学科教学的理论为实践活动提供知识基础保障，活动研究成果为学科教学提供资源与素材。

（三）活动重难点

1. 活动重点

培养学生的科学探究和实践能力，通过密云湿地公园的实地考察，让学生深入理解湿地生态，并掌握科研流程，为家乡生态文明建设提出建议。

2. 活动难点

确保学生将理论成功应用于实际探究中，并解决实地考察的安全、技术挑战、数据分析准确性等问题。同时，教师需提升科研和创新教学能力，有效指导学生并整合研究成果。

（四）活动准备

（1）科学实验用具：烘箱、电子天平、捕虫瓶、4.5L 小号水桶、40 目的分样筛、滤纸、大烧杯、玻璃漏斗、玻璃棒、烧杯、白色解剖盘、GPS 定位系统、取土器落锤、镐、直尺、手机、计算机等。

（2）访谈调研用具：访谈问卷、摄像机、录音笔等。

（3）教师提前踩点调查。

（五）活动过程

1. 确定调查方向阶段

（1）活动的缘起：从生活实际引出调查课题

该活动的起源是有学生经常去白河城市森林公园，感受到公园的不断变化，尤其是湿地区域，变化更显著。学生向老师提出想为保护白河城市森林公园做点力所能及的事情。该公园离学校不是很远，而且目前该公园还处于逐渐完善和发展阶段，很多生态系统逐渐地形成和发展，适合学生观察与调研。于是，预期以“白河城市森林公园”为主题词，面向全校学生征集课题研究项目，开展实践活动。

（2）组建教师、专家团队进行实地考察

为保证活动科学有效，学校选派有丰富经验的生物、地理、化学等学科教师和湿地专家前往白河城市森林公园实地考察，探讨研究方法和安全措施，确立课程方向并与公园管理部门协商，计划建立课外实践基地。

（3）专家讲座，智慧启迪

聘请湿地调研方面的专家进行湿地科普知识宣传。从湿地的定义、湿地的功能与湿地价值展开，从我国湿地的面积、湿地分类、全国的湿地资源、湿地的保护等与大家作了讲解与分享。让学生了解湿地的同时，深刻地体会到保护湿地的重要性，激发学生的保护生态环境的责任意识。

（4）学生发散思维提出研究方向

正式面向学生发起项目征集令，发动学生集体的智慧，思考提出可以研究的方向，学生比较踊跃。提出几十个课题方向，举例如下。

① 白河城市森林公园里湿地植物多样性调查与分析。

② 白河城市森林公园水体中藻类植物调查及水质初步评价。

③ 白河城市森林公园水体理化性质检测及浮游植物研究。

④ 白河湿地公园不同生境下底栖动物群落的初步研究。

⑤ 白河城市森林公园中活动的鸟类调查研究。

⑥ 白河城市森林公园生态系统生物多样性保护价值。

⑦ 白河城市森林公园生态系统土壤微生物及其影响因素。

⑧ 白河城市森林公园水土资源现状及评价。

⑨ 白河城市森林公园景观格局变化及其对人为干扰的影响。

⑩ 白河城市森林公园土壤有机碳及氮含量空间分布特征研究。

⑪ 白河城市森林公园冬季树木冻害调查及植物抗寒性研究。

⑫ 白河城市森林公园冬季微气候条件下适游性研究。

⑬ 白河城市森林公园资源现状调查和保护对策。

⑭ 白河城市森林公园常见植物叶片润湿性与滞尘能力研究。

⑮ 白河城市森林公园不同生境植物水势差异性研究。

⑯ 白河城市森林公园不同植被条件下土壤团聚体稳定性研究。

⑰ 白河城市森林公园不同土壤含水量的差异研究。

⑱ 白河城市森林公园不同季节水域变化的研究。

（5）分组进行课题论证，确定研究课题

为确保活动的研究价值，我们指导学生进行课题的可行性分析。教师和专家团队基于调研成果，协助学生筛选课题，最终确定水质、土壤、藻类植物和底栖动物四个研究方向。这一过程旨在培养学生的科研态度、实践能力和创新思维，并引导他们形成严谨的科研精神。

2. 课题准备阶段

（1）选定课题组长并招募成员

经过慎重考虑，最终决定依据“谁提出、谁负责”的原则选定课题组长，并由他们负责招募高一、高二的优秀学生加入课题组。通过面试评估，确保选拔出有潜力的成员，为课题成功打下基础。

（2）查阅文献资料和理论学习并制定实施方案

通过微课、vbook 等多种信息化渠道，向学生传递查阅文献及湿地考察的基础方法。随后，在指导老师的引领下，小组成员学习并掌握利用中国知网搜索相关资料的能力，深入了解密云湿地的研究进展与方向，并研究其他地区湿地的调查技术和手段等相关信息。在此基础上，确定本项目的核心主题，明确分工，共同制定详尽的项目实施方案，并绘制活动流程图以清晰展现项目实施过程。

（3）聘请专家进行专业知识培训

为提升学生的专业实验技能和研究能力，我们将安排资深教师进行实验操作和课题研究方法的培训。同时，提供论文写作指导，帮助学生规范撰写论文，并解答学习中的疑问。此外，进行安全教育，确保学生熟悉并遵守实验室安全规则。

3. 实地考察阶段

经过在校园荷花池的前期实验技能演练后，学生们以小组为单位，前往密云白河湿地开展野外调查工作。

（1）水质组

学生们运用专业的理化性质测量仪器，对湿地公园的上、中、下三个不同河段的水质进行了详尽的检测。测定水体的温度、pH 值、TDS 值、电导率等基础指标，并进一步分析矿物质含量、溶解氧含量、亚硝酸盐含量以及余氯含量等关键参数。在整个过程中，学生们需严谨地记录各项数据，以确保结果的准确性和可靠性。

（2）藻类组

学生选取湿地公园上、中、下不同河段的采样点，用 1L 采水器于水面下采样，置于 500mL 采样瓶中定性分析加入 10% 的福尔马林溶液；加入 15mL 鲁哥氏液固定，静置 48h 后吸去上清液留 30mL 备用。显微镜检计数时，充分摇匀，吸取 0.1mL 滴入计数框内，用视野法计数，计算 1L 水中浮游藻类的数量。对数据进行分析得出湿地水质环境与湿地藻类生长状况的相关性。

（3）底栖动物组

通过对白河城市森林公园不同生境条件的底栖动物群落进行分析，发现挺水植物对改善水质和促进底栖动物多样性具有重要作用，挺水植物区域中虾的出现也指示了良好的水质状况。这项研究为白河生态系统的生物多样性保护和生态环境发展提供了重要的数据支持。

（4）土壤组

小组选取合适的采样工具，并在指导教师的示范下，进一步明确采样点选取的合理性与科学性。同时在采样过程中，针对部分样方由于湿度较低，创新采样方式，通过对土样的分析，获取数据并进行图表分析。

4. 总结分享阶段

经过对湿地的实地考察，学生们积极运用统计学和数据分析的知识，对实验数据进行了详尽的处理与分析。他们从不同的角度出发，深入挖掘数据背后的规律，最终得出了科学的实验结论。为了全面总结研究成果，学生们撰写了多篇具有严谨科学性的论文，充分展示了他们在湿地生态环境保护方面的独到见解。学生们基于研究成果，提出湿地保护建议。

三、活动反思

本次活动让学生们在实践中深化了对湿地生态系统的认识，并激发了他们探索和保护自然的热情。学生们通过自主研究、实验、数据分析和论文撰写，显著提升了科研和写作技能，同时增强了资料检索、专业工具应用、多方法调查、数据统计和团队协作等多方面能力。

活动取得了成功，但同时我们也发现需要在实验设计、数据分析和团队协作方面加强培训和指导。未来，我们将重点提升这些能力，确保每位学生都能得到全面的成长。此外，活动强调了安全和伦理教育的重要性，我们计划在未来进一步加强这些方面，以保障活动的安全性和负责任性。我们将借鉴本次活动的经验，不断优化和改进，以期在生态文明教育中取得更好的成效。

案例分析

案例7是一次成功的项目式研究实践活动，该活动组织学生们在密云白河湿地公园开展了多个领域的系列活动，旨在推动学生全面掌握多学科科学知识，并深入理解湿地生态环境的影响因素，培养学生的科学探究能力、数据分析能力和实际操作技能。

在湿地调研项目中，学生们被鼓励以科研小组的形式参与，亲身投入到实地采样与深入探究的实践活动中。这一过程中，学生们不仅接触到了科学研究的实际操作，更在实践中逐步掌握了课题研究的基本步骤和方法。他们学会了如何确定研究方向，如何根据研究目标设计实验方案，如何在团队中高效协作并进行实验操作，以及如何准确分析实验数据并得出科学结论。

在科学研究的过程中，学生们遇到挑战时，会凭借对科学的热爱和对未知的好奇，不断克服困难，勇于尝试。他们不仅学会了如何运用所学知识解决实际问题，还学会了如何基于实验结论进一步提出问题，进行深度思考。这种批判性思维和创新能力的培养，对于学生未来的学习和工作都将产生深远的影响。

经过数月的努力，学生们圆满完成了论文的撰写与总结，他们的研究成果不仅展示了密云湿地生态环境的现状，还针对存在的问题提出了合理化建议。项目成果不仅是一份份论文报告，更是学生们对社会责任的深刻理解和积极担当。他们针对湿地保护提出的具体建议，如减少污染、恢复植被、合理开发等，对于北京市密云区的生态文明建设具有重要的参考价值，展现了青年一代对环境保护的责任感和使命感。这种从知识学习到行动实践的转变，让学生们深刻认识到个人行为对环境的影响，激发了他们保护自然、维护生态平衡的强烈愿望。

本次实践经历不仅深化了学生们对湿地生态系统的理解与认识，让他们深刻体会到湿地对于维护生态平衡、保护生物多样性的重要性，更充分点燃了他们探索自然奥秘与保护生态环境的热情。学生们在实践中学会了如何将理论知识与实际相结合、如何在团队中发挥个人优势。

结　语

在探索生态文明教育的道路上，我们见证了政策引领、理论支撑、方法创新的深度融合。生态文明教育不仅是传授知识的课堂，更是培养人们敬畏自然、珍惜资源、关爱环境意识的摇篮。生态文明教育作为现代教育体系中的一颗璀璨明珠，它的重要性日益凸显，其影响力也逐渐渗透到社会的各个角落。

在政策层面，生态文明教育政策为生态文明教育提供了坚实的制度保障。这些政策明确了生态文明教育在教育体系中的核心地位，为其发展提供了方向和支持。在政策的引领下，各级教育部门、学校和社会各界纷纷行动起来，共同推动生态文明教育的深入实施。

在理论层面，我们深入挖掘和传承了古今中外关于人与自然和谐共生的智慧，形成了独具特色的生态文明教育理论体系。这一理论体系不仅涵盖了生态学、环境科学、教育学等多个学科的知识，还融入了中国传统文化中关于“天人合一”“道法自然”等思想精髓。这一理论体系不仅指导着我们的教育实践，更为我国生态文明建设提供了宝贵的方案和依据。它让我们深刻认识到，人类与自然是一个紧密相连的整体，只有尊重自然、顺应自然，才能实现人与自然的和谐共生。

在方法层面，我们不断创新，将生态文明教育融入课堂内外、校园内外，通过丰富多彩的实践活动，让学生亲身感受生态文明建设的魅力，培养他们的环保意识和行动能力。同时，注重家校社协同育人，形成了全社会共同关注、共同参与生态文明教育的良好氛围。

这种政策引领、理论支撑、方法创新的深度融合，既推动了生态文明教育的深入发展，也为我国生态文明建设注入了新的活力。展望未来，我们将继续深化生态文明教育改革，推动政策、理论、方法的不断创新和完善。我们将进一步加强政策引导，优化资源配置，为生态文明教育提供更加有力的支持。

让我们携手共进，为构建人与自然和谐共生的美好家园而不懈努力，共同推动生态文明教育的理念和实践，在全球范围内绽放出更加绚丽的光彩。我们相信，在不久的将来，生态文明教育将成为全社会共同关注和参与的热点话题，同时期待通过我们共同的努力，为子孙后代留下一个绿色、和谐、美丽的家园。

参 考 文 献

[1] 王倩 . 习近平生态文明思想融入高校思想政治教育研究 [D]. 延安：延安大学，2023.
[2] 田红霞 . 生态文明教育纳入国民教育体系的现状及提升路径研究 [D]. 海口：海南师范大学，2023.
[3] 蒋笃君，田慧 . 我国生态文明教育的内涵、现状与创新 [J]. 学习与探索，2021（1）：68-73.
[4] 任思钰 . 生态文明教育融入高中乡土地理课程的教学策略研究 [D]. 太原：太原师范学院，2023.
[5] 杜昌建 . 我国生态文明教育研究 [D]. 天津：天津师范大学，2014.
[6] 张善超，熊乐天 . 以拔尖创新人才培养助力新质生产力发展——拔尖创新人才早期培养融入中小学课程建设探赜 [J]. 中国远程教育，2024，44（4）：3-14.
[7] 王兴茹 . 新时代中小学生生态文明观培育研究 [D]. 长春：东北师范大学，2023.
[8] 窦吉伟 . 初中物理教学中有效开发与利用本土课程资源的研究 [D]. 长春：山东师范大学，2014.
[9] 陈时见，吴俊毅 . 我国生态文明教育政策话语的历史演进与发展趋势——基于 1978—2023 年生态文明教育的政策文本分析 [J]. 重庆师范大学学报（社会科学版），2024，44（2）：24-36.
[10] 艾沃・古德森 . 环境教育的诞生 [M]. 贺晓星，等译 . 上海：华东师范大学出版社，2001.
[11] 习近平 . 论坚持人与自然和谐共生 [M]. 北京：中央文献出版社，2022.
[12] 马克思，恩格斯 . 德意志意识形态：节选本 [M]. 北京：人民出版社，2003.
[13] 马克思，恩格斯 . 马克思恩格斯全集（第 1 卷）[M]. 北京：人民出版社，1956.
[14] 中共中央宣传部，中华人民共和国生态环境部 . 习近平生态文明思想学习纲要 [M]. 北京：学习出版社，人民出版社，2022.
[15] 祝怀新，李玉静 . 可持续学校：澳大利亚环境教育的新发展 [J]. 外国教育研究，2006（2）：65-69.
[16] 蔚东英，胡静，王民 . 英美绿色大学的建设与实践 [J]. 环境保护，2010（16）：51-54.
[17] NSW Department of Education and Training. Implementing the Environmental Education Policy in Your School [R]. Sydney: NSW Department of Education and Training, Professional Support and Curriculum Directorate, 2001.